Mike Michalowicz

Der Pumpkin Plan:

Die Strategie für Unternehmenswachstum

Mike Michalowicz

Der Pumpkin Plan: Die Strategie für Unternehmenswachstum

Aus dem amerikanischen Englisch übersetzt
von Barbara Budrich

budrich Inspirited
Opladen • Berlin • Toronto 2018

Bibliografische Information der Deutschen Nationalbibliothek
Die Deutsche Nationalbibliothek verzeichnet diese Publikation in der Deutschen Nationalbibliografie; detaillierte bibliografische Daten sind im Internet über http://dnb.d-nb.de abrufbar.

Gedruckt auf säurefreiem und alterungsbeständigem Papier.

budrich Inspirited ist ein Imprint des Verlags Barbara Budrich

This edition published by arrangement with Portfolio, an imprint of Penguin Publishing Group, a division of Penguin Random House LLC.
Titel des Originals: The Pumpkin Plan by Mike Michalowicz

ISBN 978-3-8474-2011-8
eISBN 978-3-8474-1011-9 (PDF)
eISBN 978-3-8474-1012-6 (EPUB)

Umschlaggestaltung: Bettina Lehfeldt, Kleinmachnow – www.lehfeldtgraphic.de
Titelbildnachweis: Foto www.istock.com
Übersetzung: Barbara Budrich
Lektorat und Satz: Ulrike Weingärtner, Gründau – info@textakzente.de
Druck: paper & tinta, Warschau
Printed in Europe

To Carly Simon. You probably think this book is about you.
Don't you?
Don't you?

Inhalt

Einleitung

Mal angenommen, Du möchtest einen guten Kürbis kaufen. Du packst die Kinder ins Auto und fährst zum örtlichen Kürbisfeld. Dort angekommen siehst Du Reihe für überwältigende Reihe in Orange, Grün und Braun. Du suchst nach dem perfekten Kürbis, aber es sehen offenbar alle gleich aus. Es ist jedoch leicht, die schlechten auszusortieren – sie sind matschig oder verdötscht oder haben faule Stellen und ähneln Deiner Schwiegermutter auf beunruhigende Weise.

Du suchst weiter, und direkt hinter dem Maislabyrinth entdeckst Du ihn – den größten Kürbis, den Du je gesehen hast. Er ist so groß wie Charlie Browns „Großer Kürbis". Er ist so groß, dass Du fast nicht glauben kannst, dass er echt ist.

Plötzlich sausen Deine Kinder zu dieser Laune der Natur, als wäre es die großartigste Entdeckung aller Zeiten. Und Du musst zugeben: Das stimmt schon irgendwie. Dieser Gigantokürbis lässt alle anderen Kürbisse auf diesem Feld wie Zwerge aussehen. Du gehst zu ihm herüber, Du siehst nicht einmal andere Kürbisse, und fragst Dich, wieso Du ihn nicht sofort erblickt hattest. Obwohl der Kürbis mit rotweißem Absperrband eingezäunt ist und dort ein Schild mit der Aufschrift „Prämierter Kürbis. Nicht zum Verkauf." steht, betteln Deine Kinder, dass Du ihn kaufen sollst. „Bitte!! Es ist der *einzige* Kürbis, den wir haben wollen!" Du läufst um den Kürbis herum und bewunderst seine Größe. Und seine Einzigartigkeit. Du nimmst Dein Smartphone und machst Fotos von Deinen Kindern mit dem Kürbis und schickst sie an Deine Freunde. Du sagst ihnen, dass sie kommen *müssen*, um den fantastischsten, gigantischsten Kürbis der Welt anzuschauen.

Wie ein Magnet zieht dieser Kürbis kontinuierlich die Menschenmassen an. Sie latschen an den übrigen, kleineren Kürbissen vorbei, ihr Blick hängt wie festgeklebt an dem orangefarbenen Wunder vor ihnen. Der Typ mit der Glatze sagt: „Wie ist das möglich?" Die reservierte Dame sagt: „Es ist ganz eindeutig eine genetische Mutation." Der großäugige Grundschüler sagt: „Der Bauer muss supergeheime Gemüsevitamine oder sowas haben." Und der benommene und verwirrte Teenie sagt: „Mann, ey, das Ding sieht aus als hätte Jabba the Hut sich einen Basketball machen lassen."

Es geht etwas absolut Unwiderstehliches, etwas Magentisches vom Extremen aus. Sei es das Stärkste, das Schnellste oder das Einzigartige. Der Bauer mit dem außergewöhnlichsten Kürbis auf seinem Feld gewinnt. Jedes. Mal. Wieder.

Das Gleiche gilt für Unternehmer. Und doch arbeiten sich die meisten Unternehmer zu Tode, um am Ende mit einem kleinen, gewöhnlichen, unauffälligen Kürbis dazustehen. Im Vergleich zum Riesenkürbis sind die Firmen, die von diesen ums Überleben kämpfenden Unternehmern gezüchtet werden, unbedeutend. So unbedeutend, dass die Kunden sie oft nicht sehen, sie kaputt trampeln oder sie ohne jeden weiteren Gedanken auf dem Acker vergammeln lassen.

Um ein erfolgreiches Unternehmen zu sein, muss Deine Firma unwiderstehliche Anziehung besitzen. Der Durchschnitt verliert, bleibt zurück und vermodert. Es sind die Einzigartigen – die *Besten* – die siegen.

Du denkst jetzt vermutlich: „Ach nee! Glaubst Du allen Ernstes, dass ich mich halbtot schufte, um ein Durchschnittsunternehmen aufzubauen? Was muss ich denn noch alles tun, um der Beste zu sein?"

Ganz einfach. Du musst gar nicht noch mehr tun. Du musst die Dinge anders machen. Du musst so tun, als wärst du ein Kürbisbauer.

Jau. Du hast richtig gelesen. Ein Kürbisbauer. Aber nicht *irgendein* Kürbisbauer. Ein abgefahrener, durchgeknallter, Stroh kauender Kürbisbauer im Overall. So ein Typ von einer Landwirtschaftsmesse, der sein Leben dem Züchten von Kürbissen gewidmet hat, die eine halbe Tonne wiegen. So einer von denen, die Du abends in den Nachrichten siehst. Es sieht so aus, als hätten ausgerechnet diese Leute das „Geheimrezept" für den richtig großen unternehmerischen Erfolg: Setze robuste Samen, wähle die vielversprechendsten Kürbisse aus, jäte den Rest aus und versorge *nur* die Kürbisse mit dem größten Potenzial.

In diesem Buch zeige ich Dir, wie ich mit der gleichen Strategie, mit der die Kürbisbauern ihre Riesenkürbisse züchten, bis zu meinem dreißigsten Geburtstag zwei Unternehmen im Wert von mehreren Millionen aufgesetzt habe, bei Top-Unternehmen bekannt geworden bin und diese wiederum dabei unterstützt habe, ihren Firmen zu spürbarem Wachstum zu verhelfen. Eine Strategie, die ich mit großer Originalität „Pumpkin Plan" – Kürbisplan – getauft habe. Ich erzähle Dir nicht allein meine Geschichte und die Geschichten der Erfolge der anderen, sondern – und das ist das Wichtigste – ich zeige Dir, wie Du die gleichen Ideen und Erkenntnisse nutzen kannst, um Dein eigenes Unternehmen voranzubringen.

Vergiss niemals: Gewöhnliche Kürbisse werden immer vergessen. Nur der Riesenkürbis zieht die Menge an und wird auf Grußkarten verewigt, lebt an Kühlschränken und in grobkörnigen YouTube-Videos ... in Ewigkeit. Der Riesenkürbis wird zur Legende. Und wenn Du einen züchtest, ... dann wirst auch *Du* zur Legende.

Du hast Dein Unternehmen nicht gegründet, um Dich anzupassen, um gerade genug zu verdienen und genug für Deinen Platz im Pflegeheim anzusparen. Du bist ins Geschäft eingestiegen, weil Du etwas Faszinierendes aufbauen wolltest. Etwas, dass Deine Lebensqualität dramatisch verändert, etwas, das die Welt verändert.

Steve Jobs wurde für viele seiner Erfolge und Innovationen belobigt, und es besteht kein Zweifel, dass Apple eine der wahrlich bemerkenswerten Firmen auf unserem Planeten ist. Und zwar größtenteils dank Steve Jobs Vision. Doch sein Beitrag geht über Innovation hinaus. Zum Zeitpunkt seines Todes beschäftigte Apple rund 47.000 Menschen und Tausende Subunternehmer. Aufgrund direkter Notwendigkeit oder durch entsprechende Ideen-Impulse wurden unzählige Unternehmer inspiriert, Firmen zu gründen, die als Zulieferer für Apple und dessen Kunden dienten. Das ist ein riesiger Beitrag zu unserer Kultur. Ein Beitrag, der über die Art und Weise hinausgeht, wie wir Musik hören oder mit der Welt kommunizieren.

Das ist legendär.

Und auch Du kannst ein legendäres Unternehmen aufbauen.

Ich weiß, dass Du das schon weißt. Du weißt, dass Du für Deinen großen Erfolg der einzigartigste Kürbis auf Deinem Acker sein musst. Ich habe dieses Buch nicht geschrieben, um Dir das zu sagen. Ich habe dieses Buch geschrieben, um Dir genau zu zeigen, *wie* Du es anstellen musst. Ich möchte Dir ein bewährtes System vorstellen, dass Dich aus der Unternehmerfalle befreit und zum magnetischsten Unternehmen in Deiner Branche führt.

Ich habe mein erstes Buch, „Not macht erfinderisch. Der Klopapier-Unternehmer", für jene geschrieben, die ein Unternehmen gründen wollen, aber glauben, dass ihnen dafür die entsprechende Ausbildung fehlt, die Ressourcen, die Dynamik, die Expertise und das Kapital. Ich habe es für die Millionen Hoffnungsfroher geschrieben, die keine Angst davor haben, hart zu arbeiten, und es darauf ankommen lassen, um ihre Ziele zu erreichen. Und ich habe es geschrieben, um Unternehmer mit jenen Werkzeugen zu unterstützen, die sie brauchen, um in der Gründungsphase erfolgreich zu sein. In jenem Buch geht es um die Aussaat. Und dieses Buch befasst sich damit, das Ganze wachsen zu lassen ... mordsmäßig.

Seit der „Klopapier-Unternehmer" im Jahr 2008 in den USA erschien, habe ich mich mit Tausenden Unternehmern unterhalten – auf Konferenzen auf der ganzen Welt, bei denen ich die Keynote hielt, als Experte in verschiedenen Fernseh- und Radioprogrammen, durch Diskussion ausgelöst durch Beiträge, die ich in kleinen und großen Publikationen veröffentlicht habe, durch meinen (bemerkenswert beknackten) Blog und im direkten Austausch – und alle suchten nach einem Weg nach oben ... oder nach einem Ausweg.

Deshalb weiß ich aus erster Hand, dass die ernüchternden Statistiken zutreffen. Unternehmer rackern sich ab, gefangen im endlosen Kreislauf von „verkaufen – produzieren – verkaufen – produzieren – verkaufen – produzieren", der sie verzweifelt, hoffnungslos und mit dem Gefühl zurücklässt, in der Falle zu sitzen. Egal wie viele Nächte sie durcharbeiten, egal wie viele Fußballspiele ihrer Kinder sie verpassen, die meisten Unternehmer scheinen nicht einmal in die Nähe der Größenordnung von mehreren Millionen zu kommen – und schon gar nicht darüber hinaus.

Ich habe den „Pumpkin Plan" für all jene Unternehmer geschrieben, die mich kontaktiert und gesagt haben: „Hilf mir! Es muss etwas passieren!" Ich habe das Buch für jene Unternehmer geschrieben, die erschöpft sind vom Unternehmertraum, der sich in einen echten Albtraum verwandelt hat. Ich habe es für die Unternehmer geschrieben, die ein bewährtes System brauchen, das ihnen hilft, über den Berg zu kommen und zu wahrer Größe zu gelangen. Ich habe es für jeden Unternehmer geschrieben, der unbedingt ein richtig erfolgreiches Unternehmen führen möchte. Und ich habe das Buch für jeden Unternehmer geschrieben, der die Absicht hat, einen bedeutenden Beitrag zu unserer Welt zu leisten.

Dieses Buch enthält den Schlüssel zu Deiner unternehmerischen Befreiung.

Wenn Du dem Pumpkin Plan Schritt für Schritt folgst, baust Du ein Unternehmen auf, dass die Konkurrenz hinwegfegt, Deine Kunden magnetisch anzieht und – auch wenn es furchtbar abgeschmackt klingt – Dir endlich das Leben Deiner Träume ermöglicht.

Kapitel 1: Ein Kürbis von einer halben Tonne ist dabei, Dein Leben zu retten

„Der Typ willst Du nicht sein, Mike."

Frank, mein siebzigjähriger Unternehmensmentor, legte eine Pause ein, um sicherzugehen, dass ich *wirklich* zuhörte. Wir hatten den ganzen Morgen damit verbracht, meine Strategie zu besprechen, und ich war so überfordert, dass mein Kopf kurz vorm Implodieren schien. Frank sieht aus wie ein „Greatest Generation" Reg Philbin, der immer im Anzug herumläuft, sogar zu Hause. Er ist so bescheiden, dass Du niemals auf die Idee kämst, dass er ein 80-Millionen-Dollar-Business gegründet hat.

„Welcher Typ?", fragte ich.

„Dieser alte Typ mit nur noch einem Ei ..., das aus seinen Shorts hängt. Dieser Typ, der fünfzig Jahre lang wie ein Tier schuftet und dann in einem rostigen Gartenstuhl sitzt, halbtot, der Speichel tropft ihm das Kinn runter."

Ah. *Der* Typ.

Frank war schonungslos: „Wenn Du Deine Unternehmensstrategie nicht änderst, wirst Du es niemals packen. Du bringst Dich selbst um, bei dem Versuch, ein Millionen-Business aufzubauen. Aber am Ende bist Du ein kaputter, bitterer alter Mann, der von Sozialhilfe lebt und auf ein Leben voller Enttäuschungen zurückschaut."

Wow. Ok. Das wäre blöd. Soviel zu meinem Plan, in der Rente an irgendeinem Strand Cocktails zu schlürfen und mit meiner wundervollen Frau den wundervollen Sonnuntergang zu genießen. Schlimmer noch. Ich wusste, dass ich schon in diese Richtung unterwegs war. Fünf Jahre als Unternehmer, und ich hatte nichts in der Hand. Na gut, also fast nichts – ich hatte immer noch beide Eier... noch.

Ich war ein verfluchter Sklave meines Unternehmens und konnte nichts vorweisen außer stressbedingte rote Flecken in meinem Gesicht (habe nie rausgefunden, was das war). Meine Arbeitszeit war der reine Wahn, und wenn ich mal Zeit für meine Frau und unseren fünfjährigen Sohn hatte, dann war es gemogelte Zeit – ich saß an meinem Laptop oder war am Telefon oder sprach übers Geschäft oder dachte darüber nach. Ich war kein Bisschen auf die beiden wichtigsten Menschen in meinem Leben konzentriert. Ich war völlig aus dem Gleichgewicht. Vielleicht kennst Du dieses Szenario. Vielleicht kennst Du es sogar *sehr, sehr* gut. Vielleicht hast Du ja auch dieses rotfleckige Ekelzeug im Gesicht.

In den vier Jahren war Olmec, mein Computertechnologie-Unternehmen, von nicht-existent zu einem Unternehmen mit fast einer Million Umsatz gewachsen. Groß, richtig? Nein. Völliger Quatsch. Unsere Kosten waren so hoch, wir hatten sowas von *keinem* Cashflow, dass knapp eine Million Umsatz sich anfühlte wie ein Witz – ein sehr grausamer Witz. Umsatz bedeutet gar nichts, wenn Deine Rezeptionistin mehr verdient als Du. Ich konnte meine Familie kaum versorgen und stand unter ständigem Druck, die Gehälter bezahlen zu können, damit jeder aus meinem Team die *eigene* Familie versorgen konnte.

Ich litt unter dieser „Wenn doch nur"-Krankheit, die viele Unternehmer in der Phase nach den ersten Anfängen heimsucht. Ich dachte immer: „Könnte ich doch nur härter arbeiten." Oder: „Hätte ich doch nur einen Investor." Oder: „Hätte ich doch nur einen großen Kunden, dann könnte ich meinen Traum leben." So schuftete ich weiter und weiter und glaubte, dass ich *so knapp* vor dem Durchbruch war. Doch wie der Hamster im Rad schuftete ich wie blöde und erreichte nichts. *Irgendwas musste passieren*. Ich wollte nicht als eineiiger Spuckefabrikant enden.

Ich seufzte, holte mein Notizbuch hervor und sagte, „O.k., Frank. Was muss ich tun?"

Was Dich hierher gebracht hat, wird Dich nicht weiter bringen

Die Idee von Olmec begann dort, wo die meisten genialen Ideen geboren werden – in einer Kneipe. (Bitte mal die Hand heben, wenn Du Deinen ersten Businessplan auf einem fleckigen Bierdeckel verfasst hast. Das dachte ich mir.) Ich war damals 23 und arbeitete als Techniker bei einem Computerservice-Unternehmen. Eines Freitagabends ging ich mit Chris aus, meinem alten Kindergartenfreund, um Dampf abzulassen. Ich war sauer auf meinen Chef – ich erinnere mich nicht mehr, weswegen –, aber eigentlich war ich auf der Suche nach einem Ausweg. Mein Gemaule entwickelte sich rasch von „Ich bin cleverer als er, ich arbeite härter als er und ich weiß mehr übers Geschäft als er" zu „Der Chef ist ein Arsch!". 14 (billige) Drinks später waren Chris und ich uns einig, dass wir unsere blöden Jobs hinschmeißen und unser eigenes verfluchtes Computerunternehmen gründen ... verdammt nochmal.

Es war so eine typische Rachegeschichte, und mir war schnell klar, dass dieses Szenario (mindestens) drei Schwachpunkte hatte. Zum einen kann Dir zwar Mut aus der Flasche helfen, Deine anfänglichen Ängste zu überwinden. Eine Unternehmensgründung im Vollrausch zu planen, macht jedoch jeden vernünftigen Gedanken zunichte. Was, bei genauem Hinschauen, aber notwendig ist, um ein Unternehmen aufzusetzen. (Was Du nicht sagst!) Zweitens braucht es weit mehr, ein Unternehmen ans Laufen zu bekommen, als zur Arbeit zu gehen und zu arbeiten. (Wer hätte das gedacht?) Drittens, und am nervigsten, wird Dich Dein eigenes Unternehmen nicht automatisch von der Schinderei befreien, die Dich dazu gebracht hatte, Dich zu besaufen. (Überraschung!)

Erinnerst Du Dich daran, wie Du Dein Unternehmen gestartet hast? Vollgepumpt mit Adrenalin und Hoffnung? Dein Traum war riesig, *heroisch*, weil Du einen echten Riesentraum brauchst, um Dich von Deiner Lieblingscouch zu zerren, um etwas wirklich Großartiges zu vollbringen. Wenn ich meine Augen schloss, konnte ich meinen Traum in allen Farben sehen: Ich war Millionär im Cockpit einer megaerfolgreichen Firma und lebte das gute Leben ohne jegliche Sorge.

Öffnete ich meine Augen hingegen wieder, meldete sich die harte Realität. Wir hatten keine Kunden, und schlimmer noch, wir hatten keine Ahnung, wie wir an Kunden kommen könnten. Du kannst Dir also vorstellen, warum ich, eine Woche, nachdem ich meinen Job hingeschmissen hatte, von Angst erfüllt war. Total. Vollkommen. Seelenerschütternde Angst. Kennst Du diese dauernden „Ich bin ein Versager"-Gedanken, die Dir durch den Kopf gehen, während Du versuchst, etwas Großes zu erreichen? Also, sie liefen durch meinen Kopf wie die Unwetterwarnungen unten an Deinem Fernsehbildschirm. Was, wenn wir keinen Umsatz machen? Was, wenn ich scheitere? Was, wenn ich zu meinem Arsch von einem Chef zurückkriechen und darum betteln muss, meinen Job wieder zu bekommen?

Angst brachte mich dazu, aktiv zu werden. Es gab keine andere Möglichkeit. Es gab da nur ein kleines Problem: Ich hatte keine Ahnung, wie ich an Kunden kommen sollte. Also begann ich, an Türen zu klopfen. Im wahrsten Sinne des Wortes. (Was ist? So machen sie es doch auch im Film, nicht wahr? Also, in den *alten* Filmen.) Ich bemühte mich um wirklich jeden Kunden – groß, klein, in der Nähe, weit weg, Tierpräparatoren und Versicherungsagenten – und ich sagte „Ja" zu jedem, der auch nur das kleinste bisschen Interesse für das zeigte, was ich anzubieten hatte, unabhängig von deren Anforderungen.

„Fahre ich sechs Stunden, um Deine Computermaus anzuschließen? Kein Problem."

„Gebe ich Dir einen 50%igen Rabatt und ein Zahlungsziel von 120 Tagen? Klar."

„Kann ich Dein antikes Computersystem betreuen, obwohl ich keine Ahnung davon habe und zwei Tage brauche, um dieses 20 cm dicke Handbuch zu lesen ... auf Französisch ... von einem Chinesen, der kein Französisch kann? Sicher. Warum nicht?"

In diesen ersten Monaten, nach der Gründung rasten Chris und ich durch die Gegend wie Tasmanische Teufel. Hatte ich geregelte Arbeitszeiten? Na klar. Wenn ich wach war, arbeitete ich. Ganz geregelt. Ich hatte keinen Stolz, also arbeitete ich die Nächte durch, um Geld zu sparen, oder schlief in den Büros meiner Kunden. Ich zog mit meiner Frau und meinem Sohn an den einzigen sicheren Ort, den ich mir leisten konnte – ein Apartment in einem Seniorenheim, in dem das Durchschnittsalter irgendwo zwischen 80 und tot lag (ich glaube, die meisten waren etwas älter als tot) und die Bewohner um drei Uhr morgens aufstanden, um Staubzusaugen, auf und ab zu wandern oder so laut Fernsehen zu schauen, dass es nur für Gehörlose erträglich war. Und, falls Du es Dir noch nicht gedacht hast: Die meisten von ihnen *waren* taub.

Olmec begann, ordentliches Geld zu verdienen, dann besseres Geld und schließlich gutes Geld. Unabhängig davon, wie viel Geld das Unternehmen machte, wir hatten immer noch kaum etwas übrig. Und selbst jetzt, wo wir Kunden *hatten*, arbeitete ich noch immer von fünf bis neun (also von morgens fünf bis abends neun) acht Tage die Woche. Ich rannte noch immer den Kunden hinterher. Ich sagte noch immer „Ja" zu jedem Krethi und Plethi, der anrief. Die verdammte Schinderei *nahm kein Ende.*

Nach zwei Jahren im Geschäft war ich am Ende. Ich war ein ausgebranntes, kränkliches Wrack – und Chris auch. Doch nach wie vor ließ mich die Angst davor, zu scheitern und alles zu verlieren, weitermachen. Das war ungefähr die Zeit, in der diese attraktiven roten Flecken in meinem Gesicht auftauchten. Auf den Weihnachtsfotos unserer Familie ist mehr Farbe in meinem Gesicht als am Weihnachtsbaum. Und immer noch wie ein Bekloppter sagte ich mir selbst: „Irgendwann *muss* dieser perfekte Moment erreicht sein, dieser Augenblick, wenn das Unternehmen in den zweiten Gang schaltet und sich all die harte Arbeit auszahlt." Mir war die Lösung klar: Einfach weiterrasen, härter und härter arbeiten, bis der Durchbruch kommt – oder mein Zusammenbruch.

Zwei Jahre später, im Jahr 2000, verlieh mir die Small Business Administration (SBA) den Titel „New Jersey's Young Entrepreneur of the

Year" – ich war Jungunternehmer des Jahres. Einen Herzschlag später bot mir der Präsident einer angesehenen Bank einen Wachstumskredit in Höhe von 250.000 US-Dollar an. Also schaufelte ich jetzt so richtig Kohle, richtig? Eher nicht. Nach außen hin mochte es so aussehen, als *lebte* ich jetzt meinen Traum, aber in Wahrheit hatte sich nicht viel verändert. Ich war immer noch an mein Unternehmen gekettet und schuftete so hart wie eh und je. Egal wie viel wir einnahmen, Geld war immer knapp. Ich dachte: „Wenn Unternehmer-Sein reich macht, wieso bin ich so verdammt pleite?"

Auftritt: Frank, mein Privat-Joda. Ich begegnete ihm bei meinem allerersten Handelskammer-Treffen. In einem Raum voll allzu selbstsicherer, verzweifelter Vertriebler war er der einzige, der nicht versuchte, mir etwas zu verkaufen. Er saß bloß in einer Ecke und beobachtete. Es war ihm wirklich egal, ob Du ihn als Coach engagieren wolltest. Ihm konnte es egal sein – als Präsident einer wichtigen Medizinservice-Firma. Er hatte das Unternehmen von 8 Millionen zu 80 Millionen Umsatz gebracht, ohne ins Schwitzen zu kommen. Er brauchte weder den Job noch das Geld. Er war im Vergnügungsstadium seines Lebens angekommen – er wollte junge Unternehmer coachen (vielleicht ist auch adoptieren hier das bessere Wort).

Ich engagierte ihn und versuchte, seinem Rat zu folgen. (Wirklich, ich hab's versucht.) Ich habe versucht, Franks Definition eines Unternehmers zu folgen, was, wie ich später lernte, die einzige Definition eines Unternehmers ist: „Du bist noch kein Unternehmer, Mike. Unternehmer erledigen nicht den größten Teil der Arbeit. Unternehmer erkennen Probleme, entdecken Chancen und entwickeln dann Systeme, die es *anderen Menschen und Dingen* erlauben, die Arbeit zu machen." Weil mein Hauptanliegen jedoch darin bestand, mehr Kunden zu gewinnen und diese alle zufrieden zu stellen, war ich im besten Falle ein Viererkandidat.

Frank ist so ein Typ, der Whiteboards und Schaubilder und Grafiken mag. Vielleicht wurde ich von den Highlightern high, aber jedes Mal, wenn er mich coachte, war ich hinterher benommen und durcheinander. Was Frank sagte, hatte Hand und Fuß, aber ich konnte nicht erkennen, wie ich das *tun* sollte, was er mir sagte. Er zeichnete einen Punkt B ein, und ich war an Punkt A und konnte die Linie nicht sehen, die die beiden Punkte verband. Später würde ich einen halbherzigen Versuch unternehmen, seine Strategien umzusetzen ... wenn ich Zeit hatte – was niemals passierte.

Am Ende einer dieser Coachingsitzungen gab er mir eine Ahnung von meiner bescheidenen und beschissenen Zukunft. Frank sagte: „Wenn Du nicht so enden möchtest wie dieser eineiige Typ, dann musst Du Deine Kundenbasis verkleinern."

Unsere Kundenbasis verkleinern? War er verrückt geworden? Ich hatte mir den Arsch für diese Kundenliste aufgerissen. Wenn ich etwas brauchte, dann *mehr* Kunden. Wie könnten wir es jemals schaffen, wenn ich nun begann, Kunden von unserer Liste zu streichen?

„Sortiere Deine Kunden nach Umsatzgröße", sagte Frank. „Dann nimmst Du Deine größten Kunden und teilst sie in zwei Kategorien auf: großartige Kunden und alle anderen, von den Naja-Kunden bis hin zu denen, die Dich so nerven, dass Du jedes Mal zusammenfährst, wenn sie anrufen. Behalte die großartigen umsatzstarken Kunden und werde die anderen los. Jeden einzelnen."

Aha! Frank war verrückt. Er musste die Highlighter gschnüffelt haben. Ich sagte mir, dass ich nicht genug Umsatz machen würde, wenn ich all die Kunden loswürde, die mich erschaudern lassen oder die nicht viel Umsatz bringen. Ich müsste Leute entlassen; ich müsste das große Büro schließen und ein kleines suchen ... oder, wahrscheinlicher, ich müsste mir für die dritte Schicht einen Job in einer Imbissbude besorgen.

Ich konnte erkennen, dass es eine einfache Strategie war. Und sie hatte bei Frank offensichtlich funktioniert. Frank konnte es beweisen: Er hatte Schiffsladungen von Geld. Legitim. Flüssig. Vermögen. Und doch, es machte mir eine Riesenangst. Ich konnte nicht begreifen, wie ich Kunden loswerden würde, die ich mit viel Mühe gewonnen hatte und zufrieden stellte. Es erschien mir vollkommen bekloppt – einem Kunden wegzuschicken, das Geld, die potenziellen Empfehlungen ...

Aber so zu enden wie der Eineiige, machte mir *noch mehr* Angst.

Ich folgte Franks Rat – oder jedenfalls fast. Ich stellte eine grobe Liste meiner großartigen und nicht so großartigen Kunden zusammen. Dann feuerte ich mit Begeisterung einige dieser Blödmann-Kunden, die mich tausendmal zu oft ausgenutzt hatten. Aber ich tat es nicht mit ganzem Herzen. Die Sache ist die: Frank hatte mir jede Menge Hausaufgaben mitgegeben, und all das zu erledigen, während ich hinter meinen Kunden her rannte – ja, ich wollte noch immer mehr Kunden –, war schlicht unmöglich.

Jedes Mal, wenn ich versuchte, mich auf „die Liste" zu konzentrieren, wurde ich abgelenkt, musste ich Feuer löschen oder mit anstrengenden Kunden umgehen oder Zahlungen jonglieren, um die Gehälter zu bezahlen. Wie viele Unternehmer war ich der Tausendsassa. Ich trug die Bezeichnung „Workaholic" wie eine Auszeichnung. Und weil ich nie aus dem Überlebensmodus herauskam, betrieb ich mein Unternehmen – und mein Leben – mit der gleichen ausufernden Energie. Der eineiige Typ spukte durch meine Träume. Er saß auf meiner Schulter und verhöhnte mich mit seinem gnadenlosen Kichern. Ja, genau. Er saß auf meiner Schulter ... und ich mag Dir nicht einmal sagen, wo sein Ei hing.

Ok. Ich war wahnsinnig, aber nicht *so* wahnsinnig. Ich wusste, der eineiige Typ war Auswuchs meines stressbedingten Deliriums. Aber ich machte mir schon Sorgen. Würde ich dieser Schinderei *je* entkommen? Würde ich je die Art Kohle scheffeln, von der andere *annahmen*, dass ich sie verdiente? Oder wäre ich am Ende zahnlos, geifernd, kahl, fleckig und pleite?

Und dann, eines Tages, rettete ein Kürbis von einer halben Tonne mein Leben.

Der Heilige Gral im Kürbisfeld

Es war Oktober und in unserer Lokalzeitung stand ein Artikel über einen Bauern, der einen gigantischen, Preis gekrönten Kürbis gezogen hatte. Dieser Kerl war nicht Dein typischer Bauer. Er war ein Streber-Bauer, besessen vom Monsterkürbisse-Züchten. Er hatte sein Leben dem Brechen des Landesrekords gewidmet – und da hockte er nun, auf seinem Pritschenwagen mit einem Grinsen, als hätte er im Lotto gewonnen, mit dem größten Kürbis, den ich je gesehen hatte, direkt hinter ihm. Ich musste einfach wissen: Wie zum Teufel hatte er es geschafft, dass dieser Kürbis zu einem solchen Mammut herangewachsen war, eine halbe Tonne schwer und hochdekoriert?

In dem Zeitungsartikel wurde der Kürbis-Zuchtprozess folgendermaßen zusammengefasst:

SCHRITT EINS: vielversprechende Samen säen.

SCHRITT ZWEI: Gießen, gießen, gießen.

SCHRITT DREI: Im Verlaufe des Wachstumsprozesses regelmäßig alle kranken und beschädigten Kürbisse aussortieren.

SCHRITT VIER: Unkraut jäten wie ein Verrückter. Nicht das kleinste grüne Blatt oder die winzigste Wurzel sind erlaubt, wenn sie nicht zu einer Kürbispflanze gehören.

SCHRITT FÜNF: Wenn sie nun größer werden, die stärkeren, schneller wachsenden Kürbisse heraussuchen. Und dann alle Kürbisse entfernen, die nicht so vielversprechend aussehen. Diesen Prozess wiederholen, bis nur noch ein Kürbis an jeder Pflanze ist.

SCHRITT SECHS: Die Aufmerksamkeit auf den großen Kürbis konzentrieren. Den rund um die Uhr versorgen wie ein Baby und behüten wie das erste eigene Mustang-Cabrio.

SCHRITT SIEBEN: Sein Wachstum beobachten. In den letzten Tagen der Saison geht das so irre schnell, dass man tatsächlich dabei *zusehen* kann.

Mamma mia!, dachte ich. Kürbisbauern hüten das Geheimnis des großen unternehmerischen Erfolgs. Meine Du-kommst-aus-dem-Gefängnis-frei-Karte. Der Heilige Gral. Das fehlende Bindeglied. Mein Freifahrtschein. (Ja, für mich bedeutete es all dies und noch viel, viel mehr.) Da war es, schwarz auf weiß ... und orange. Die Antwort, nach der ich jahrelang gesucht hatte. Ich musste mein Unternehmen behandeln wie einen gigantischen Kürbis!

Für den Fall, dass Du Dich fragst, ob ich noch alle Tassen im Schrank habe, schreibe ich Dir hier auf, was ich verstanden hatte, als ich den Artikel las:

SCHRITT EINS: Die größten eigenen Stärken herausarbeiten und nutzen.

SCHRITT ZWEI: Verkaufen, verkaufen, verkaufen.

SCHRITT DREI: Im Verlaufe des Wachstumsprozesses regelmäßig alle kleinen und miesen Kunden aussortieren.

SCHRITT VIER: Nicht die kleinste Ablenkung – oft neue Chance genannt – ist erlaubt. Du musst sofort jäten.

SCHRITT FÜNF: Die Top-Kunden aussuchen. Und dann den Rest der nicht so vielversprechend aussehenden Kunden aussortieren.

SCHRITT SECHS: Konzentriere Deine Aufmerksamkeit auf Deine Top-Kunden. Hege und pflege sie; finde heraus, was sie am meisten brauchen. Wenn es zu dem passt, was Du am besten kannst, dann gib es ihnen. Dann bietest Du diesen Service oder dieses Produkt so vielen ähnlichen Kunden an, wie nur möglich.

SCHRITT SIEBEN: Beobachte, wie Dein Unternehmen zu gigantischer Größe wächst.

Mit dem Bild des Kürbisbauern, der diesen seinen einzigen großen Kürbis gießt, nährt, liebt, bewacht und umsorgt und alles andere sein lässt, wurden meine nächsten Schritte glasklar. Sein manischer Fokus darauf, gigantische Kürbisse zu züchten, stand nur einem Serienkiller nach – und dabei tat er nichts weiter, als dieser schlichten Formel wieder und wieder zu folgen und wahnsinnig gigantische Kürbisse zu ernten. Wenn ich der gleichen Methode folgte, die der Bauer nutzte, um gigantische Kürbisse zu ziehen – eine Methode, die in Franks Kundenlisten-Strategie wurzelte (verzeih das Wortspiel) –, wenn ich mich also auf meine Top-Kunden konzentrierte wie ein verrückter Bauer, dann könnte ich mein Unternehmen auch zu einem „Riesenkürbis" wachsen lassen. Das war jetzt klar. Dies war mein Weg vom heutigen Ausganspunkt (Punkt A) zu dem Punkt, wo ich hinwollte (Punkt B).

Ich hatte endlich meinen ersten „Ach nee"-Moment. Die mit Angst erfüllte Strategie, die Olmec kurz vor eine Million Umsatz gebracht hatte, würde uns niemals *Millionen* an Umsatz bringen. Franks Rat begann mir einzuleuchten. Diese Sag-ja-zu-allen-Strategie konnten wir langfristig nicht durchziehen, und sie verhinderte unser Wachstum sogar. Ich hatte mich völlig verzettelt, verschwendete Energie dadurch, dass ich Kunden bediente, die mich verrückt machten, mich aber niemals reich machen würden; indem ich sie bediente, stahl ich kostbare Zeit von jenen Kunden, mit denen ich gern zusammenarbeitete und die mich *wirklich* reich machen konnten.

Zudem nutzte ich meine Zeit, Dinge zu tun, die mir nicht leichtfielen. Eigentlich hätte ich mich auf die wenigen Dinge konzentrieren sollen, die ich richtig gut konnte. Ich schrieb Werbe- und Marketingtexte, um wirklich jeden Kunden und dessen Mutter dazu zu kriegen, durch unsere Tür zu spazieren. Ich erledigte immer neue Sachen für miese Kunden und versuchte, einen Weg zu finden, sie besser zu bedienen. Dabei ignorierte ich meine besten Kunden, die gerade dabei waren, mehr zu werden. Anstatt sie zu gießen, warf ich noch Samen obendrauf, sodass für sie kein Platz mehr war. Ich war immer dabei, zu säen, kaum dabei, zu gießen. Und ich jätete niemals Unkraut und vergaß zu düngen.

Ich wusste, dass ich richtig gut darin war, herauszufinden, wie wir unseren Kunden noch mehr von Nutzen sein konnten. Ich war gut darin, Systeme zu entwickeln, um dieses Angebote zu skalieren – aber wie konnte ich dies für meine besten Kunden umsetzen, wenn ich so damit beschäftigt war, meine miesen Kunden zu beglücken – von denen jeder etwas anderes wollte?

Sobald Du über die frühen Stadien des Unternehmertums hinaus bist, ist Erfolg nicht mehr eine Frage der Quantität. Wenn ich wollte, dass mein Unternehmen die Konkurrenz aussehen ließ wie Zwerge, dann musste ich die Kunden loswerden, die mich zurückhielten. Ich musste die Teile meines Unternehmens abtrennen, die dem Wachstum nicht dienlich waren, und ganz neue, noch nie dagewesene Wege finden, meinen besten Kunden zu dienen. Wie ein verrückter, bekloppter Bauer, der Mammutkürbisse anbaut, musste ich all meine Aufmerksamkeit, meine Zeit, meine Liebe, meine Unterstützung, Kreativität und Energie auf die vielversprechendsten Kunden in meinem Feld konzentrieren.

Ich teilte meine Erleuchtung mit Chris und wir folgten dem Pumpkin Plan nun ernsthaft. Beinah sofort wurde alles leichter. Mit blitzartiger Geschwindigkeit sahen wir die Ergebnisse – so rasch, dass ich innerhalb von zwei Monaten in der Lage war, endgültig aus dem Hamsterrad auszusteigen, und aufhören konnte, auszuticken. Unsere Top-Kunden fühlten sich wie Rockstars. Unsere Angestellten waren glücklich. Unser Ergebnis stieg ein paar Grad. Und dann noch ein paar. Und dann fühlte ich mich das erste Mal seit vier Jahren wie ein richtiger Unternehmer. Weißt Du, die Art von Mensch, die Risiken eingeht und Dinge wahr werden lässt.

Wir waren noch keine Millionäre, aber ich wusste, dass es einen besseren Weg gab, einer zu werden. Und, Mensch, war ich elektrisiert! Ich passte den Pumpkin Plan an, machte ihn zu meinem eigenen Plan und verliebte mich dabei so richtig in die Kunst des Unternehmertums. Ach, streich das – ich verliebte mich in die *Wissenschaft* des Unternehmertums.

Zwei Jahre nachdem ich meinen ersten Pumpkin Plan umgesetzt hatte, entschied ich mich dafür, mich von Chris auszahlen zu lassen, damit ich meinen eigenen Weg verfolgen konnte. Ich wollte den Pumpkin Plan vom ersten Tag an implementieren. Gleich am nächsten Tag gründete ich eine neue, eine andere Firma. Chris machte mit dem Pumpkin Plan weiter, und Olmec ist so erfolgreich, dass sie quasi Geld drucken – und das noch dazu in einer wirtschaftlich schwierigen Zeit.

Und ich? Tja, Leute, ich wurde einer von diesen Freaks ... einer von diesen bekloppten Kürbisbauern-Typen, die besessen sind, vollkommen besessen von einer Sache – davon, super erfolgreiche Unternehmen aufzubauen. Ich optimierte meinen überarbeiteten Pumpkin Plan mit der Zeit, verbesserte die Systeme, und nach zwei Jahren, elf Monaten und acht Tagen (aber wer zählt schon mit?) verkaufte ich mein zweites Unternehmen für mehrere Millionen an ein Fortune-500-Unternehmen.

Leck mich, Eineiiger!

Der Arbeitsplan

30 Minuten (oder weniger) Action

1. Finde das „Warum". Wenn es Dein Traum ist, einer von den Großen zu sein und reich zu werden, dann reicht das nicht aus, ein bedeutendes und erfolgreiches Unternehmen aufzubauen. Frage Dich, warum Du dieses Unternehmen gegründet hast und nicht ein anderes. Welchen Sinn hat es? Was treibt Dich an? Wenn Du Dein „Warum" kennst, wird das bei Deinen Kunden auf Resonanz stoßen. Und wichtiger noch, es wird Dein Kompass sein – und Mannomann, Du brauchst einen. (Hast Du jemals versucht, ohne Kompass aus einem Wald wieder herauszufinden?)

2. Lege einen Umsatzziel-„Puls" für dieses Jahr fest. Wie viel Umsatz musst Du generieren, um das Herz Deines Unternehmens wieder zum Schlagen zu bringen (was bedeutet, dass Du ohne Dauerpanik überleben kannst)? Setze Deine eigenen Bedürfnisse nicht ans Ende Deiner Liste. Beginne damit, herauszufinden, was Du persönlich brauchst, um Dich wohlzufühlen, um zu wissen, dass Du wieder auf Deinen Füßen stehst. Und dann rechnest Du aus, wie viel Umsatz Dein Unternehmen machen muss, damit Du das erreichst. Denk dran, wir wollen nur einfach das regelmäßige Piepen des Herzmonitors wieder hören. Später kannst Du Dein Umsatzziel darauf ausrichten, all Deine Sehnsüchte zu befriedigen (benachteiligte Kinder zur Uni schicken, die Welt bereisen ... und Schokokuchen kaufen, wann auch immer Du verdammt nochmal willst).

3. Stelle bessere Fragen. Die richtig großen Kürbisse haben richtig kräftige Wurzeln. Wir können die besten Antworten erst finden, wenn wir die wirklich wichtigen Fragen stellen. Besser, als zu fragen: „Warum habe ich solche Probleme?", solltest Du fragen: „Wie kann ich 2.000 Euro täglich nach Hause bringen – jeden Tag?" So oder so wird Dein Hirn Dir eine Antwort geben. Schreibe diese eine große, böse Frage auf, die Du Dich immer fragst, wenn Du den Kopf gegen die Wand haust – und dann kehre sie um.

Zu den Geschichten in diesem Buch

Ich liebe gute Geschichten. Also schrieb ich einen Haufen davon auf, um Dir bei der Vorstellung davon zu helfen, wie Du den Pumpkin Plan in jeder Branche, sogar – nein, *besonders* – in Deiner Branche umsetzen kannst. Diese Geschichten nutzen all die Strategiedetails aus diesem Buch, einschließlich den Kram, den Du nicht gelesen hast, und sind mit der Überschrift versehen: „Der Pumpkin Plan in Deiner Branche".

Um es klar zu sagen, ich habe sie erfunden, damit Du die schier endlosen Möglichkeiten erkennen kannst, die der Pumpkin Plan bietet. Die Geschichten schließen jedes Kapitel ab und sind darauf ausgelegt, Dir zu zeigen, dass der Pumpkin Plan funktioniert. Unabhängig davon, wie stark Deine Konkurrenz sein mag, egal wie viel (oder wie wenig) Geld Du auf dem Konto hast, egal wie viele Kunden Du hast (oder nicht hast). Er funktioniert eben.

Jede Geschichte enthält Beispiele, wie die meisten oder alle Strategien einzusetzen sind, die in diesem Buch erläutert werden. Nicht nur jene, die im jeweiligen Kapitel erklärt werden. Vielleicht möchtest Du ja zurückgehen und die Geschichten erneut lesen, wenn Du das Buch durchgelesen und alles darüber gelernt hast, wie Du Dein Unternehmen Pumpkin planen kannst.

Um es *absolut klar* auszudrücken, es sind auch jede Menge wahrer Geschichten in diesem Buch – sowohl von mir als auch von anderen. Sie sind in jedes Kapitel eingearbeitet als reale Geschichten von Unternehmern, die einen bestimmten Aspekt des Pumpkin Plans mit großartigem Ergebnis eingesetzt haben. In diesen wahren Geschichten nenne ich Namen. Natürlich werden diese Szenarios Deine Situation nicht zu 100% abbilden, aber ich hoffe, dass Du sie inspirierend findest oder dass sie Dich doch zumindest zum Nachdenken bringen.

Viel Spaß!

Der Pumpkin Plan in Deiner Branche – Reisen

Angenommen, Du bist Geschäftspartner bei einer kleinen Fluglinie. Verstau Dein Handgepäck, lege den Sicherheitsgurt an und klapp Deinen Tisch hoch, wir werden jetzt Deine Branche Pumpkin planen.

Deine Fluglinie ist keine Konkurrenz für die Großen – nicht einmal für die mittelgroßen Fluglinien. Ihr betreibt fünfzehn Flugzeuge auf kurzen Flügen zwischen großen Städten wie New York, Boston, Philadelphia und Washington, D.C. Deine Flugzeuge sind nie ausgebucht, es sei denn, es gibt ein Problem bei einer anderen Airline. Kaum jemand kennt den Namen Deines Unternehmens – Big East Airlines.

Ihr versucht, über den Preis zu gewinnen, doch Southwest und JetBlue haben Euch da den Rang abgelaufen. Ihr versucht, mit Comfort zu überzeugen, doch United, Delta und American verfügen über mehr Flugzeuge, mehr Optionen und mehr von allem anderen – sodass sie Euch hier den Rang ablaufen. Ihr versucht, über coole Extras und Spielereien zu gewinnen, aber Virgin America läuft Euch hier sowas von den Rang ab. Ihr versucht, in allen drei Kategorien gleichzeitig zu gewinnen – und dann wird es richtig übel. Also, so *richtig* übel wie Insolvenz am Horizont übel. Ihr bringt Euch selbst um, auf dem Weg, einen Vorsprung vor der Konkurrenz zu bekommen, indem Ihr deren Spiel spielt, ihrem Weg folgt. Ihr könnt die Wirtschaft dafür verantwortlich machen oder die Treibstoffpreise – aber Big East Airlines ist auf dem Weg nach unten.

Jedenfalls solange, bis Ihr Euch dazu entschließt, Euer Unternehmen auf der Basis des Pumpkin Plans neu zu erfinden. Ihr beginnt mit dem Bewertungsbogen. Es fällt Euch schwer, ihn auszufüllen, weil Ihr wirklich nicht viele wiederkehrende Kunden habt. Ihr zieht es trotzdem durch, und Euch wird klar, dass Eure schlimmsten Kunden Touristen sind, die unangemessene In-Flight-Forderungen stellen – bessere Filme, neue Headsets, mehr Snacks – und Euch nur dann buchen, wenn Ihr 50%-Rabatt-Sonderangebote oder irgendwelche anderen befristeten Angebote habt. Ihr wollt ganz, *ganz* ehrlich keine Kunden feuern, weil Ihr nach Passagieren lechzt. Aber Ihr wollt Euer Unternehmen retten und es anschließend in den Himmel wachsen lassen, also macht Ihr es doch. Es ist total einfach, diese Art von Kunden loszuwerden – sobald es die Sonderangebote nicht mehr gibt, sind mit ihnen auch die „ranzigen" Kunden verschwunden.

Ihr findet heraus, dass Eure besten Kunden Last-Minute-Kunden sind. Solche Passagiere, die Euch – welch Ironie – nur dann nutzen, wenn sie ein ganz kurzfristiges Meeting haben und alle anderen Airlines ausgebucht sind. In diesem Muster gibt es keine Loyalität vonseiten Eurer Kunden – die meisten werden nie wieder mit Euch fliegen. Dennoch ruft Ihr zehn von ihnen an, um an ihren Wunschzettel zu kommen.

Wenn Ihr fragt: „Was können wir besser machen?", sagen sie: „Nichts." Wenn Ihr fragt, „Was nervt Sie am meisten an unserer Branche?", sagen sie: „Nichts." Hm. Das wird etwas schwieriger, als Ihr erwartet hattet. Aus dem Stegreif fragt Ihr: „Was nervt Sie am Reisen am meisten?"

Und dann bricht der Damm. Plötzlich werden Euch die Ohren mit Beschwerden vollgejammert, darüber, dass es aufgrund der Verkehrssituation auf dem Weg zum Flughafen und aufgrund der langen Schlangen bei der Sicherheitsabfertigung einen halben Tag dauert, um eine Reise von einer Flugstunde zu absolvieren. Eure Top-Kunden, jene Last-Minute-Reisenden, die Euch nur dann buchen, wenn sie keine andere Möglichkeit haben, sind alle Manager und Freiberufler, die in den Vororten der großen Städte leben. Sie verlieren durch das Reisen viel produktive Zeit. Sie können nicht auf dem Rücksitz eines Taxis arbeiten. Sie können nicht arbeiten, wenn sie zum Flughafen fahren. Sie können nicht arbeiten, wenn sie in einer wahnsinnslangen Sicherheitsschlange stehen.

Ihr bedankt Euch für den Input und startet ein Brainstorming im Team. Wie könnt Ihr die Frustration dieser Kunden in eine 180-Grad-Wendung für Big East Airlines verwandeln? Ihr stellt viele sinnvolle Fragen, aber die eine, die heraussticht, ist: „Was wäre, wenn wir die Zeit, die die Reisenden *bis zum Flug* brauchen, halbieren oder noch weiter reduzieren?" Ihr kommt auf die großartige Lösung, eigene Busse einzusetzen, um Eure Passagiere an den unterschiedlichen Orten einzusammeln. Busse, die die Busspur benutzen können. Und – im Gegensatz zu anderen Flughafenbussen – bringt Ihr Eure Passagiere direkt zum Eingang von Big Eastern Airlines. Und weil die Passagiere kostbare Zeit bei der Fahrt mit dem Bus verlieren, stattet Ihr die Busse mit Tischen, Steckdosen und WLAN für die Laptops aus.

Ihr beschließt, die Idee mit einigen der Kunden zu besprechen, die Euch ihr Leid geklagt hatten. Und sie finden die Idee großartig – aber nicht großartig genug, um sich von ihrer Lieblingsairline zu trennen und zu Euch zu wechseln. Also geht Ihr ans Reißbrett zurück und fügt noch weitere Schlüsselpunkte hinzu. Zunächst verhandelt Ihr mit den Kirchen in Eurer Abholzone: Die Pendler dürfen ihre Autos auf den Parkplätzen der Kirche Montag bis Freitag kostenlos abstellen. (Natürlich gebt ihr den Kirchen Geld dafür.) Dann ernennt Ihr einen Gate Agent für jeden Bus, der jeden beim Einstieg in den Bus einchecken. Falls sie Gepäck abfertigen müssen, checkt Ihr direkt ein, verstaut das Gepäck im Bus und organisiert Gepäckträger, die es *für die Passagiere* zur Sicherheitskontrolle bringen, sobald der Bus am Flughafen ankommt.

Dann beschließt Ihr, alle Register zu ziehen, und organisiert eine separate Sicherheitskontrolle nur für Eure Passagiere. Ihr müsst dafür extra zahlen, aber Ihr seid sicher, dass es sich rentiert, wenn Ihr damit die Träume Eurer Top-Kunden erfüllen könnt.

Mit Eurem überarbeiteten Plan kontaktiert Ihr diese Kunden erneut und bittet sie um Rat. Als Ihr hört: „Wann bieten Sie diesen neuen Service an?", wisst Ihr, dass Ihr auf der richtigen Spur seid.

Da Ihr wisst, dass Eure Top-Kunden lieber superproduktiv sein wollen, als unterhalten zu werden, streicht Ihr die In-Flight-Filme und das Audioprogramm, die für Eure aussortierten Kunden wichtig waren, die aber nie die richtigen waren. Dann streicht Ihr die Snacks für die Kinder. Jetzt habt Ihr Kosten eliminiert, die mit jenen Kunden einhergingen, die Ihr nicht haben möchtet. Und Ihr könnt einiges davon in das kostenlose WLAN-Angebot im Flugzeug stecken, eine Rezeptionistin engagieren oder Live-Streaming von CNN oder ähnlichen Nachrichtensendern anbieten.

Bevor Ihr anfangt, Euer neues tolles Angebot zu verbreiten, beschließt Ihr, dass es an der Zeit ist, Euch aus der Menge hervorzuheben. Es ist an der Zeit, den Wettkampf mit all den anderen Fluglinien aufzugeben. Also gebt Ihr Euch einen neuen Namen. Jetzt seid Ihr Elite Pendler Express – Ihr nennt Euch nicht einmal mehr Airline. Eure Nische bedient Geschäftsleute, die ihre Zeit nicht auf dem Weg zum und vom Flughafen verschwenden wollen, und Ihr besitzt ein *Monopol* auf diesen Service: Ihr habt ihn erfunden!

Eure Top-Kunden, die Euren Anruf vermutlich entgegengenommen hatten, weil sie in einem Taxi saßen und nichts Besseres zu tun hatten, wollen jetzt Mitglied in Eurem VIP-Club werden und buchen sofort ihre Flüge. Sie identifizieren sich mit Eurem neuen Namen, denn *sie sind Pendler*. Sie erzählen allen von Euch, und jetzt sind die meisten Eurer Flüge weit im Voraus ausgebucht.

Ihr beginnt Euch in konzentrischen Kreisen weiter auszudehnen, schaltet Anzeigen in Manager-Magazinen, im Wall Street Journal und auf bekannten Businessblogs. Ihr sponsert Golf- und Tennis-Wohltätigkeitsturniere in Vororten, in denen Eure Top-Kunden wohnen. Ihr stellt auf Messen aus, die sich an Unternehmer richten.

Dann implementiert Ihr Euer Weniger-versprechen-als-liefern-Programm, bei dem Ihr wenig versprecht und weit mehr liefert, sodass es Euren Top-Kunden schier die Jackets auszieht (Top-Kunden, die jetzt superglücklich sind). Ihr trefft Vereinbarungen mit anderen Unternehmen, die sich auf Manager und Pendler spezialisiert haben und bietet Produkttests auf Euren Flügen an. Ihr bietet Headsets an mit Störschallunterdrückung, hochwertige Kugelschreiber, neue WLAN-SIM-Karten, Smartphones – Eure Flüge sind wie Weihnachten in der verdammten Oprah-Winfrey-Show. Aber nicht immer. Passagiere wissen nie im Voraus, wann sie ein neues Produkt bekommen ... Das bedeutet, dass Eure Flüge *immer* voll sind.

Und bevor Ihr recht wisst, wie Euch geschieht, ist Elite Pendler Express *die* Fluglinie für alle Manager und Unternehmer an der Ostküste der USA. Euer Service ist unvergesslich, sodass Ihr häufig damit in den Medien seid. Und schon bald werdet Ihr angesprochen, ob Ihr Euer Angebot nicht ausweiten wollt – auf Routen von und nach Los Angeles, Las Vegas und San Francisco. (Nur gut, dass Ihr Euch in Pendler Express umbenannt habt – Big East Airlines mit Flügen an die Westküste passt einfach nicht…)

Und Eure Preise? Ihr nehmt jetzt ordentliches Geld. Die Reisezeit zu halbieren – und alles Generve komplett los zu sein –, darf was kosten. Weißt Du was? Ihr werdet weitere Flugzeuge brauchen.

Kapitel 2: Ein langsamer, elender Tod

Ich lernte Bruce kennen, als ich das Fußballteam meines Sohnes trainierte. Ich nehme an, er erkannte mich, weil er nach dem Spiel zielstrebig auf mich zusteuerte. Bruce sieht aus wie ein alternder Typ aus der Fernsehserie *Jersey Shore*, der wirkt, als hätte er damals einen tollen Waschbrettbauch gehabt. „Ich habe den *Klopapier-Unternehmer* gelesen und Ihre Entwicklung der letzten drei Jahre verfolgt.“, sagte er. (Ich kann Dir gar nicht sagen, wie aufregend ich das finde, wenn ich KPU-Leser treffe, und wie dankbar ich bin, wenn sie mir erzählen, wie sehr mein Buch ihnen geholfen hat. Es ist aufregend und zugleich eine Lektion in Demut, denn es ist die Erfüllung dessen, was ich als Sinn meines Lebens definiert habe. Und wenn ich gefragt werde, ob ich ihr Buch signiere ... dann mache ich beinahe nass – es ist ein Rockstar-Moment, von dem ich seit meiner Kindheit geträumt habe. Nicht das Nassmachen. Das Signieren.)

Ich dankte Bruce und er sagte: „ Ich brauche Sie. Ich wusste nicht, wie ich Sie kontaktieren sollte, aber es sieht mir jetzt aus wie göttliche Fügung ...“

Bruce erklärte mir, dass er zwar 700.000 US-Dollar Umsatz pro Jahr erziele, aber fast insolvent sei. Er war Florist für Hochzeiten und andere Veranstaltungen, er vermietete auch weitere Ausstattung für Hochzeiten und betrieb einen Ausstellungs- und Verkaufsraum, der zugleich Fläche für andere Hochzeitsausstatter bot. Wir verabredeten uns in seinem Ausstellungsraum im Verlauf der Woche.

Als er mich herumführte, erklärte mir Bruce, dass er so pleite sei, dass er sich Geld von seinen Eltern hatte leihen müssen. (Um es deutlich zu sagen: Er ist kein Student, der sich mehr aufgehalst hat, als er stemmen kann. Er ist seit 20 Jahren im Geschäft.) Ich fragte ihn: „Welcher der Hochzeitsausstatter, an die Sie Fläche vermieten, macht am meisten Geld?“ Es stellte sich heraus, dass der Fotograf mit Abstand am besten verdiente. Er nutzte den allerkleinsten Raum im Laden, machte aber zehnmal mehr als Bruce. Und – ob Du es glaubst oder nicht – Bruce betreute die Kunden des Fotografen... weil der zu stark ausgelastet war, um überhaupt in den Laden zu *kommen*.

Bruce hat so viele verschiedene Hüte auf, dass er nicht nur pleite ist, er ist total fertig. Das ist keine große Überraschung – es gibt immer einen direkten Zusammenhang zwischen unscharfem Fokus und unscharfem Kontenstand.

Während wir uns in seine teuren Ausstellungsmöbel setzen, um kurz über die nächsten Schritte zu sprechen, sagt er all die richtigen Dinge: „Es muss sich etwas ändern. Ich kann so nicht weitermachen. Ich habe keinen Fokus.“ Aber ich weiß, dass er noch nicht so weit ist. Er *glaubt*, dass er so weit ist, weil sein Leben aussieht wie eine einzige Katastrophe. Doch in Wirklichkeit ist er nur verzweifelt. Er fühlt sich geschlagen, aber nicht genug, um die harten und mutigen Entscheidungen zu fällen, die ihm helfen können, sein Unternehmen zu retten. Woher ich weiß, dass er noch nicht so weit ist? Weil ich aus dem Augenwinkel seinen Cadillac Escalade sehen kann, der vor der Tür steht. Ich an seiner Stelle hätte dieses Schätzchen vor Ewigkeiten verkauft.

Wenn unsere Unternehmen vor dem Zusammenbruch stehen, machen wir Unternehmer drei Stadien durch. Zuerst geben wir nicht zu, dass wir kämpfen. Du weißt, was ich meine. Jemand fragt Dich, wie's Deinem Laden geht und Du antwortest: „Großartig! Ich habe gerade einen neuen Großkunden an Land gezogen!“ Doch im Innern spürst Du, wie sich Deine Lungen zusammenziehen, während der Stresslevel steigt. Es steht nicht zum Besten. Geld verschwindet durch alle Ritzen – und zwar schnell. Doch Du hast Angst, zuzugeben, wie es um Dich steht – was passiert, wenn die Leute denken, dass Du es nicht drauf hast? Was, wenn potenzielle Kunden Dich ignorieren? Was, wenn Dein Team beginnt, an Dir zu zweifeln? Im Ersten Stadium des Zusammenbruchs leugnen Unternehmer die Wahrheit, weil ihr Ego nicht damit zurechtkommt.

Wenn das Unternehmen aber bei Gevatter Tod anklopft, geben wir zu, dass wir ein Problem haben. Jetzt folgt das Zweite Stadium. Für viele ist der Stress mittlerweile zu einem Teil des Lebens geworden. Gestresst aufwachen. Gestresst zu Bett gehen. Gestresste Träume haben. Vom Stress gestresst sein. Wieder und wieder. Auf eine völlig perverse Art und Weise, beginnst Du stolz auf Deinen Stress zu sein. „Du glaubst, Du hast es schwer?“, sagst Du. „Tja, lass Dir mal erzählen, wie beschissen mein Leben ist.“ Selbst in diesem Stadium wird noch nicht korrigiert, weil die Menschen sich zeitweise dadurch Erleichterung verschaffen, dass sie sich abreagieren und ihre Trauergeschichten erzählen. Es sieht ein bisschen anders aus, aber es ist immer noch das Ego, das hier im Weg steht.

Im Dritten Stadium werfen wir einfach die Hände in die Luft (da ist wieder dieser Defätismus) und sagen: „Das Leben ist ungerecht“, als hätte das Schicksal irgendetwas damit zu tun (hat es nicht) und unser

Erfolg oder Misserfolg läge nicht in unserer Hand (was nicht stimmt). Du kennst dieses Stadium – Du hast es erreicht, wenn Du Deine Faust erhebst und den Himmel anbrüllst: „Warum ich? Warum werde ich bestraft? Warum bekomme ich keine Chance?“ (Vielleicht noch garniert mit ein paar blumigen Ausdrücken hier und da). An diesem Punkt geben die meisten Menschen auf. Sie hören auf, sich anzustrengen, arbeiten aber weiter – ah, streich das, sie rackern sich weiter ab – und akzeptieren, dass es niemals besser werden wird. Sie kämpfen nicht mehr.

Bruce war ein klassisches Beispiel für jemanden, der sich in diesem „Das Leben ist ungerecht“-Stadium befand. Aber sein Verhalten hatte sich noch nicht der Situation angepasst – deshalb die aufgemotzte Karre. Viele Unternehmer machen so über Jahre weiter, immer in dieser schwierigen Situation, unter Dauerstress. Sie wiederholen tagein tagaus den gleichen Mist, den sie seit dem ersten Tag machen. Nichts ändert sich, nichts geht bergauf, außer ihrem Blutdruck ... und den Schulden ... und den Steuern. Aber das *war's*.

Ein paar Wochen nach unserem ersten Treffen erklärte ich mich bereit, mich mit Bruce auf ein Bier zu treffen und seine Optionen mit ihm durchzugehen. Er sagte: „Ich kann mir nicht leisten, Dich zu bezahlen, aber ich brauche Dich.“ Ich konnte an seinem abgehärmten Äußeren ablesen, dass der unmittelbare Niedergang seines Unternehmens seine Gesundheit angegriffen hatte. Ich mache eigentlich nur selten Business Coaching und schon gar nicht umsonst. Ich weiß nicht warum, aber ich willigte ein, Bruce' Fall zu übernehmen.

„Ich hab das noch nie gemacht und werde es auch nie wieder tun; aber ich werde Dir für den Preis dieses Biers hier helfen“, sagte ich. (Es muss ja irgendeinen Austausch geben, und wenn es bloß ein Glas vom Zapfhahn ist.) Erleichterung glitt über Bruce' Gesicht. Ich fuhr fort: „Ich halte drei Sitzungen mit Dir ab. Ich werde Dir klar und deutlich sagen, was Du tun musst, um Dein Unternehmen zu retten. Und es fängt damit an, dass Du diese ganzen Mist-Kosten eliminierst – einschließlich Deines Autos. Alle überflüssigen Ausgaben – weg. Alle Nebenprojekte – weg. Alle Kunden, die in Wirklichkeit die Kunden *anderer Anbieter* sind – weg.“

Als ich ihm genau erklärte, wie er sein Unternehmen nach dem Pumpkin Plan ausrichten würde, veränderte sich Bruce' Ausdruck. Er sah betroffen drein. Vielleicht sogar ein bisschen verängstigt. Ich konnte sehen, wie er im Kopf die Ausgaben durchging, die unbedingt bleiben „mussten“, die Projekte, die unbedingt am Leben bleiben „mussten“, das Chaos, das er unbedingt erhalten „musste“. „Du wirst Dich dagegen wehren“, sagte ich. „Aber wenn Du meinem Plan folgst, wirst Du Dein Unternehmen retten." Ich wollte noch hinzufügen, „und Dein Leben", aber da er schon ausreichend überwältigt aussah, entschied ich mich dagegen.

Und dann sagte er die Worte, die ich jeden Tag von Unternehmern aus aller Welt höre: „Aber ich brauche nur noch einen Kunden, dann habe ich es geschafft. Ich brauche nur noch diesen einen großen Deal."

Nein. Bruce war noch nicht so weit. Er glaubte nach wie vor, er brauche nur diesen einen Mordskunden und alle seine Probleme wären gelöst. Das Problem war bloß, dass er *seit zwanzig Jahren* nur noch diesen einen Kunden brauchte.

Wie sehr Bruce es auch wollte, dass diese Worte stimmten, und wie sehr er auch *glauben* wollte, dass sie *stimmten* – sie stimmten nicht. Sie stimmen nie. Niemand ist nur einen Deal davon entfernt, es geschafft zu haben. Du bist vielleicht einen Zahlungseingang davon entfernt, Deinen Hintern zu retten – diese Woche jedenfalls – aber: Es geschafft zu haben? Nein. Um es wirklich zu schaffen, um der Branchenführer zu werden, der Du immer werden wolltest, brauchst Du zunächst einmal ein gesundes Unternehmen. Du brauchst starke Wurzeln, eine sorgsam geplante, effiziente Infrastruktur, einen manischen Fokus auf die eine Sache, die Du richtig, richtig gut machst. Anstatt Dich auf das zu konzentrieren, was nicht läuft, musst Du es herausschneiden wie ein Geschwür, was es auch ist. Dann musst Du das ausbauen, was *funktioniert*.

Leute wie Bruce versuchen erst gar nicht, „es" so richtig „zu schaffen" – sie versuchen lediglich, bis nächsten Dienstag zu überleben.

Auf der anderen Seite läuft es bei Eric richtig gut – auf den ersten Blick. Ein Formel-1-Rennfahrer, Ingenieur und durch und durch ein Formel-1-Fan. Eric begann mit dem Autofahren, als er noch ganz jung war (gerade mal so legal), und verfolgte beharrlich seine Karriere in der Branche. In den letzten zwanzig Jahren hat er ein ordentliches Unternehmen aufgebaut. Kennst Du diese 24-Stunden-Rennen? Er gewinnt sie. Kennst Du diese großen Ausstellungen, die von Luxus-Autobauern wie Porsche ausgerichtet werden? Er hilft, sie zu organisieren. Kennst Du diese Fahrschulen, wo jeder Idiot (äh ... ich) hingehen und lernen kann, wie man einen Formel-1-Wagen fährt? Er entwickelt sie. Als Ingenieur hilft er zudem noch anderen Fahrern, Rennen zu gewinnen. Und er macht Geschäfte. Jede Menge.

Das einzige Problem liegt darin, dass Erics Unternehmen so ziemlich identisch ist mit Eric. Während er Teams aufbaut und führt, die eine Menge Routinearbeiten für ihn erledigen, ist er nach wie vor eine mehr oder weniger One-Man-Show. Denn schau, Eric hatte zu Beginn seiner Karriere eine Eingebung. „Mir wurde klar, dass die Chancen, ein Superstar-Rennfahrer zu werden ungefähr so gut standen wie die, ein Filmstar zu werden. Und mir fiel auf, dass die Leute, die in einer spezifischen Sparte der Rennfahrerei blieben, selten so viel Geld verdienten, wie ich brauchte, um meine Familie zu ernähren", erklärte er mir. „Also lernte ich, wie ich in all diesen Dingen richtig, richtig gut sein konnte."

Während wir uns unterhielten, konnte ich nicht anders, als Erics Dauerrefrain zu bemerken: „Ich mache all das, um meine Familie zu ernähren." Mir ist schon klar, dass ich bestenfalls ein Amateurforscher in Sachen menschliches Verhalten bin, aber ich kenne das. Wiederholungen sind ein Schutz. Irgendwas in seinem Innersten ist mit seinem Verhalten nicht im Einklang, und sein Kopf versucht, ihn zu beschützen. Eric wiederholte das nicht, damit ich ihm glaubte. Er wiederholte es, damit *er* es glaubte. Die Erkenntnis, dass die wahren Opfer seine Freiheit und Zeit mit seiner Familie waren, wäre zu viel für ihn.

Eric besteht nur aus Arbeit, die ganze Zeit. Und er ist der Fachmann für, na, fast alles, was mit Formel-1-Rennen zu tun hat. Nachdem er mich vor zwei Tagen von einer Rennstrecke in Wisconsin angerufen hatte, ist er jetzt auf dem Weg zu einer Strecke in Montreal. Eric erklärt, warum die Leute ihn engagieren. „Ich kann Dir genau sagen, was das alles kostet – der Anhänger, die Reifen, das Zelt, in dem wir stehen, das Gehalt für jeden einzelnen dieser Typen, alles. Und ich kann Dir die Details der Sponsorenverträge erklären und sagen, ob der Fahrer bereit ist und wie das Auto läuft und was gemacht werden muss und welcher Ingenieur am besten dafür geeignet ist. Ich bin nicht da, weil ich eine Sache in- und auswendig draufhabe. Ich bin da, weil ich alles in- und auswendig draufhabe."

Als ich Eric bitte, mir zu sagen, welche eine Sache ihm geholfen hat, finanziell erfolgreich zu sein, sagt er: „Ich habe früh eine Regel für mich selbst festgelegt: Geh immer an das verdammte Telefon. Ich hatte früher Handyrechnungen von 3.000 US-Dollar, um an dieser Regel festzuhalten. Wenn es mitten in der Nacht klingelt, gehe ich ran. Wenn es beim Abendessen klingelt, gehe ich ran. Meine Kunden wissen, dass sie mich *immer* erreichen können, und das hat meinem Unternehmen extrem geholfen."

Das kann ich verstehen. Ich begreife das. Und ich weiß auch, dass diese Verpflichtung Erics Kunden ins Zentrum seines Lebens rückt. Er reibt sich selbst auf bei dem Versuch, den ganzen finanziellen Erfolg aufrechtzuerhalten, alle neuen Chancen zu ergreifen, all das Potenzial.

Eric verdient mehr Geld als die meisten Leute in seiner Branche, und er hat seine Karriere gemeistert in einer Branche, die er sehr liebt, einer Branche mit extrem hohem Wettbewerb. Dies wäre kein Problem, wenn

Eric nicht andauernd arbeiten würde, Zeit mit seiner Familie verpassen würde, während er die Anrufe seiner Kunden 24 Stunden pro Tag, 7 Tage die Woche entgegennimmt. Er ist zu einem Sklaven seines Unternehmens geworden, weil es zu 100% von ihm abhängt – seinem Wissen, seinen Kontakten, seinem einzigartigen Herangehen an den Rennsport. Eric ist in die andere Falle getappt – Zeit gegen Geld zu tauschen. Er ist am Ende seiner Kraft. Er hat keine Balance, ist mehr Maschine als Mensch. Die Ironie.

Er steckt genauso fest wie Bruce, nur dass er mehr Geld verdient.

Als ich Eric fragte, wie er sein Unternehmen skalieren könne, sagte er: „Wenn Du es herausgefunden hast, lass es mich wissen." Wie so viele andere One-Man-Show-Unternehmer glaubt Eric, dass sein Wissen und seine Fähigkeiten nicht lehrbar seien. Und wenn Du es nicht weitergeben kannst, kannst Du es nicht systematisieren. Und wenn Du es nicht systematisieren kannst, kannst Du es nicht skalieren. Punkt. Wenn Du gutes Geld mit dem verdienst, was Du tust, kannst Du in dem Glauben steckenbleiben, Du seist der einzige Mensch auf diesem Planeten, der tun kann, was Du tust. Du wirst blind für die Falle, die Du für Dich selbst gebaut hast.

Ich habe Dir Erics Geschichte erzählt, um Dir zu zeigen, dass es diese zweite Art gibt, stecken zu bleiben. Dir geht es vielleicht so gut wie Eric. Du verdienst vielleicht mehr als genug für ein gutes Leben. Du hast vielleicht keine Schulden oder Liquiditätsprobleme. Du bist vielleicht in Deiner Branche sehr gefragt; Du liebst vielleicht, was Du tust. Aber wenn Dein Unternehmen darauf aufgebaut ist, dass *Du* die ganze Arbeit machst oder zumindest den größten Teil, dann wirst Du niemals einen großen Kürbis ziehen können. Erinnere Dich an Franks Definition eines Unternehmers: *Ein Unternehmer identifiziert die Probleme, entdeckt die Chancen und entwickelt dann die Prozesse, die es anderen Menschen und Dingen ermöglichen, die Arbeit zu erledigen.*

Genau wie Du hatten Bruce und Eric Träume, als sie anfingen. Ich bin nicht sicher, wie genau Bruce' Traum ausgesehen hat, aber sein Escalade ist ein deutlicher Hinweis. Er wollte es vermutlich so richtig „krachen lassen" und ein „tolles Leben" führen, mit all den Insignien des Erfolgs. Und Eric? Na. Ich weiß, was er wollte, weil er es mir gesagt hat: „Ich habe angefangen, weil ich Autorennen liebe." Eric ist aus reiner Freude dabei, weil er den Nervenkitzel liebt, weil er den Wettbewerb liebt, weil er zum Siegen geboren ist.

Ob Du nun gerade so überlebst, ob es Dir „ganz gut" geht oder Du ernsthaft nach einem Ausweg suchst (wie jetzt, bitte), Du denkst vermutlich, dass der einstmals vielversprechend aussehende Unternehmertraum bloß ein Luftschloss ist, etwas, was nur eine Handvoll Glücklicher (oder Privilegierter – jap, ich spreche von Dir, Donald Trump) erreichen kann. Selbst wenn es Dir möglich wäre, Deine Branche zu dominieren und ein paar Eimer Gold nach Hause zu schleppen, würdest Du vermutlich unterwegs krepieren. Wer hat schon die Zeit dazu? Du sicherlich nicht. Du arbeitest bereits 25 Stunden pro Tag, 8 Tage die Woche. Du siehst Deine Familie eher selten. Und wenn Du Dir die Zeit für die Tanzstunden Deiner Tochter nimmst oder eine Happy Hour mit Deinen Kumpels, dann bist Du nicht anwesend. Nicht wirklich. Du denkst über die aktuellen Probleme nach und wie Du sie lösen kannst.

Jede Sekunde Deines Lebens verbringst Du damit, herauszufinden, wie Du an Deinem Unternehmens-Baby festhalten kannst. Du bist damit ausgelastet, die vielen unterschiedlichen Hüte aufzusetzen, Dir Sorgen zu machen, wie Du die Löhne zahlen kannst und ob die Sozialhilfe für Tütensuppen reicht, wenn Du in Rente gehst. Wer zum Teufel hat Zeit für den Traum, wenn er kaum genug Zeit und Geld für regelmäßige Mahlzeiten hat?

Kannst Du Dich überhaupt an den Traum erinnern?

Lass mich Dein Gedächtnis auffrischen.

Du möchtest die Freiheit, so zu leben, zu arbeiten und Dich selbst zu verwirklichen, wie Du es willst. Du möchtest die Macht haben, den Markt zu beeinflussen, Deine Kultur, Deine Community. Du willst etwas verändern. Du willst etwas Faszinierendes aus dem Nichts aufbauen, etwas, das Menschen haben wollen, das sie lieben und das sie begeistert. Du willst Erfolg im eigentlichen Sinn des Wortes.

Und wenn all das bedeuten sollte, dass Du am Ende jede Menge Geld verdienst: umso besser.

Stattdessen bist Du zum Sklaven Deines Unternehmens geworden. Das Unternehmen besitzt Dich – und es tritt Dir in den Hintern. Und wenn Du wirklich ehrlich bist: Selbst wenn der Rest der Welt glaubt, dass Du ein großartiger (oder aufstrebender) Unternehmer bist, dann fühlt es sich manchmal so an, als sei Dein Unternehmen Treibsand, in dem Du versinkst – kein Ast zum Festhalten weit und breit.

Jeden Tag erfahre ich in den Medien eine Geschichte oder lese einen Blog-Post dazu, wie Unternehmer dabei sind, die Weltwirtschaft zu befeuern. In Wirklichkeit sind aber viele Unternehmer kurz davor, von der Brücke zu springen. Für den Fall, dass Du die Nachrichten der letzten paar Jahre verpasst haben solltest – was gut möglich ist, wenn ich an Deinen Zeitplan denke –, starten in den USA jedes Jahr rund eine Million neuer Unternehmen, wie das U.S. Department of Labor berichtet. Und fast 80% dieser Unternehmen scheitern innerhalb der ersten fünf Jahre. 80%, Leute.

Das Problem liegt darin, dass Unternehmer feststecken. Bruce steckt fest, weil er ein Sklave des Geldes geworden ist (weil er keines hat), und Eric steckt fest, weil er ein Sklave der Zeit geworden ist (weil er nicht genug hat). Und Du steckst fest, weil ... na, sag Du's mir.

Du bist nicht sicher, ob Du feststeckst? Lass es uns herausfinden.

Wenn Du Dich selbst hast sagen hören: „Ich brauche nur noch einen Kunden (ein Projekt oder einen Abschluss oder ein großes Geschäft), dann hätte ich's geschafft.", oder wenn Dein Unternehmen darauf basiert, dass *Du die ganze Arbeit machst*, oder Du glaubst, dass Dein Traum genau das ist, ein Traum –, dann steckst Du fest. Aber ich kenne einen Ausweg. Einen Ausweg für Bruce. Für Eric. Für Dich.

Du wirst einige der Dinge nicht tun wollen, zu denen ich Dich in diesem Buch auffordere. Wie Bruce wirst Du einem Teil meiner Vorschläge nicht folgen wollen. Wie Eric wirst Du mir erzählen, dass dies in Deiner Branche nicht funktioniert – „weil sie so einzigartig ist" oder spezialisiert oder so anders. Du wirst Dich mir verweigern (und Dir selbst) und Dir aussuchen wollen, welchen Schritt Du auslässt und welche Schritte Du gehen willst. Nicht weil es zu gut erscheint, um wahr zu sein, sondern weil vieles von dem, was ich zu sagen habe – von dem ich *weiß*, dass es wahr ist –, Deiner Intuition zuwiderläuft. Das Zeug mag Dein Ego ein bisschen durcheinanderbringen, Deine Selbstwahrnehmung herausfordern und Dich vielleicht sogar völlig schocken.

Also, wenn Du nicht sicher bist, ob Du weitermachen möchtest, stelle Dir selbst eine Frage:

Möchtest Du, dass Dein Unternehmen einen langsamen, qualvollen Tod stirbt?

Ich mach jetzt einfach weiter und gehe davon aus, dass Du mit Nein geantwortet hast. Ich versuche nicht, besonders grob zu sein, aber es ist wichtig, dass Du verstehst: Wenn Du nicht bereits der Beste bist, wenn Du nicht bereits Branchenführer bist, wenn Du in einer Flut von Rechnungen und Erwartungen ertrinkst, dann stehen die Chancen gut, dass Du als Eineiiger endest. Und ich möchte nun ganz, *ganz* ehrlich nicht, dass Dir dies passiert. Ich hasse diesen Typen.

Der Arbeitsplan

30 Minuten (oder weniger) Action

1. Finde Deinen Traum wieder. Du hattest mal einen Traum und wusstest genau, wie Dein Leben aussehen würde, wusstest genau, was Du mit den Kisten voll Gold machen würdest, und wusstest ebenso, wie Du Dich fühlen würdest, wenn Du den Dreh raus hättest. Wenn Du nur daran denkst, wie Du nächsten Monat die Gehälter wirst zahlen können, ist dieser Traum vermutlich weit weg. Und doch ist es dieser Traum, der Dich vom Aufgeben abhält. Du brauchst diesen Traum jetzt mehr denn je. Also, finde Deinen Traum wieder, der Dich anfänglich zur Unternehmensgründung inspiriert hat. Schreib ihn auf und behalte das Blatt in der Nähe, um immer draufschauen zu können, ... denn wir sind dabei, ihn wahr werden zu lassen.

2. Das war's. Ja, genau, das war's. Nimm Dir einfach etwas Zeit – die ganzen dreißig Minuten oder mehr, falls nötig –, um Dich in den Traum zu vertiefen, den Du für Dein Leben, Deine Familie und Dein Unternehmen geträumt hattest, als Du anfingst.

Der Pumpkin Plan in Deiner Branche – Webbusiness

Angenommen, Du bist ein Online-Händler, der Modeschmuck verkauft. Nimm mal Deinen Blick von den Statistiken, schieb die Versandkisten auf Seite und lass uns mal Dein Unternehmen nach dem Pumpkin Plan angehen!

Du hast ein hübsches kleines Unternehmen, das echten und Vintage-Modeschmuck übers Internet verkauft. Du hast die Freiheit, von Zuhause aus zu arbeiten, was bedeutet, dass Du mehr Zeit mit den Kindern verbringen kannst. Und das magst Du sehr gern. Aber Du verdienst nicht mal annähernd so viel Geld, wie Du gern verdienen würdest, wie Du zu verdienen *erwartet* hattest, und jedes Mal, wenn Du bis morgens um drei Uhr auf bist, um die Kisten zu packen, fragst Du Dich, ob es das alles wert ist. Es sind all diese vielen Kleinteile, hier eins, da eins, die Deinen Gewinn auffressen ... und Deine Zeit.

Also füllst Du Deinen Bewertungsbogen aus, markierst Deine Top-Kunden und Deine Nicht-ganz-so-top-Kunden. Da Du Online-Händler bist, sind viele Deiner Kunden Eintagsfliegen, sodass Du wirklich keinen Deiner kranken Kunden zu „feuern" brauchst. Stattdessen konzentrierst Du Dich auf den Wunschzettel Deiner fünf Top-Kunden. Merkwürdigerweise haben selbst Deine fünf Top-Kunden, die laufend von Dir kaufen, hohe Rücksendequoten – insbesondere, wenn sie Deine neusten Designs kaufen.

Also nimmst Du den Hörer in die Hand und rufst die Top-Fünf an. Sie sind begeistert, dass es dort einen „echten Menschen" hinter dem Unternehmen gibt, und noch einmal hoch erfreut, dass der echte Unternehmensinhaber sie anruft.

Im Kundengespräch erfährst Du, dass drei Deiner fünf Kunden Mode im Vintage Look vertreiben und viel Schmuck an Bräute verkaufen, die nach Accessoires für ihren großen Tag suchen. Sie sind oft frustriert, weil sie nichts Passendes für die Braut und ihre Brautjungfern finden können. Ein Online-Schmuckhändler ist so etwas wie ein notwendiges Risiko für sie: Ein neues Schmuckstück mag auf dem Foto toll aussehen, aber wenn sie es in der Hand haben und an ihr Kleid halten, dann passt es oft nicht – daher die hohe Rücksendequote. Du fragst: „Wenn Sie eine Schmuckserie für die Braut und ihre Begleiter hätten, würden Sie es in ihrem Laden ausstellen?" Alle Deine Top-Kunden antworten mit einem eifrigen „Ja!".

Also recherchierst Du ein wenig und findest heraus, dass es niemanden gibt, der das anbietet. Niemanden. Du rufst Deinen besten Designer/Produzenten an und schilderst ihm Deine Idee – eine besondere Linie für Hochzeiten zu entwerfen. Ihr einigt Euch darauf, dass Dein Online-Shop der exklusive Anbieter dieser Linie ist, danach besuchst Du Deine Top-Kunden, um mehr Ideen mit ihnen zu entwickeln, bis Du absolut sicher bist, dass Du genau weißt, was sie wollen.

Du machst einen Relaunch Deines Online-Shops, um ihn besonders auf Hochzeitsboutiquen und -anbieter abzustimmen. Zuerst versorgst Du Deine Top-Kunden mit Schmuck, den sie in ihren Läden anbieten können. Sie brauchen nur je ein oder zwei Muster jedes Designs, denn sie nutzen sie, um sie Dutzenden angehender Bräute zu zeigen, die täglich in ihre Läden kommen. Und wenn eine Braut eines der Stücke mag, dann bestellt es der Ladeninhaber online. Das funktioniert großartig – Zeit zu wachsen!

Du beginnst mit Leuten, die Du kennst – diejenigen, die kleine Läden und Klamotten im Vintage Look anbieten; und Du tauchst überall dort auf, wo sie sind. Du bist auf den richtigen Messen, Festivals und Veranstaltungen. Du schaltest Anzeigen in einer Handvoll spezifischer Branchenmagazine und Newsletter und auf einschlägigen Branchen-Blogs.

Außerdem tauchst Du bei allen Modenschauen und Präsentationen neuer Designs auf.

Bald führen Dutzende von Läden Deine Schmucklinien. Und, weil Du Dich innerhalb Deiner Branche in konzentrischen Kreisen bewegst, hast Du neue Beziehungen zu Designern aufgebaut, die Dich bitten, mit ihnen zusammenzuarbeiten, um eine neue Schmucklinie zu vermarkten, die sie insbesondere für Brautmoden entworfen haben. Zeitschriften und einschlägige Hochzeitsblogs berichten über Dein Unternehmen, und bald kaufen angehende Bräute aus dem ganzen Land ihren Schmuck direkt in Deinem Online-Shop. Und weil Du komplette Schmucksets auf einmal anbietest (Halskette, Ohrstecker, Ringe), anstatt einzelne Stücke zu verkaufen, kannst Du weit mehr Gewinn je Transaktion generieren… ganz davon zu schweigen, dass Du weit weniger Ressourcen (Zeit, Verpackungsmaterial etc.) benötigst, um sie auf den Weg zu bringen.

Am wichtigsten aber ist, dass Du den Modeschmuck mit der entsprechenden Unternehmensentwicklung hinter Dir gelassen hast und Deine eigene nischenspezifische Umsatzkurve innerhalb der Brautmoden-Branche geschaffen hast. Obwohl Du jetzt Konkurrenten hast, bist Du ein dominanter Player, denn a) warst Du der Erste, b) kennst Du die Branche in- und auswendig und c) hast Du fantastische Beziehungen zu Designern und Verkäufern, weil Du *zugehört* hast und auf ihre Frustrationen und Wünsche *eingegangen* bist.

Jetzt ist Dein Unternehmen ein Branchenriese, und Du kannst jede Nacht die ganze Nacht schlafen. Das Leben ist schön.

Kapitel 3: Der Samen

Chuck Radcliffe züchtet Mammut-Kürbisse. Aber er ist kein typischer Kürbisbauer. Er ist ein Hobbygärtner, der von der Idee besessen ist, die riesigen orangenen Monster zu züchten, seit er das erste Mal versucht hat, einen Kürbis zu ziehen, der so groß ist, dass ein Baby darin Platz hat. Nein, er ist kein Perversling. (Jedenfalls nicht *so* ein Perversling.) Seit sein Sohn am 29. Oktober zur Welt gekommen war, hatte Chuck die Idee, ein Bild seines Neugeborenen zu machen: in eine Decke gewickelt, in einem Kürbis, sodass nur der Kopf herausschaut. Ooh!

Im nächsten Jahr zu Halloween hatte Chuck einen Kürbis gezogen, der so groß war, dass sein mittlerweile ein Jahr alter Sohn Platz darin hatte – so konnte er das nächste Foto machen. Und seither hat er jedes Jahr versucht, für die jährliche Foto-Aktion einen immer größeren Kürbis zu züchten. Für ihn wurde das Ganze zu einem bizarren Wettlauf: Wer wuchs schneller – Chuck Jr. oder Chucks Kürbisse? Und tatsächlich: Chucks Geschick konnte mithalten, und innerhalb von 18 Jahren züchtete er Kürbisse, die so groß waren, dass – Du weißt schon – ein 18-Jähriger und seine Hormone Platz darin fanden. Kannst Du Dir diesen peinlichen Augenblick vorstellen, als Chuck Jr. seine neue Freundin das erste Mal mit nach Hause bringt? Wenn sie die jährlichen Foto-Aktionen aushält, dann sollte er sie schnell heiraten!

Als Chuck damit anfing, gigantische Kürbisse zu züchten, ging es ihm bloß um die Fotos. Jetzt will er gewinnen – und zwar beim Wettbewerb um den Rekord von New Jersey. (Was? Jersey? Jap. Du hattest gedacht, wir hätten bloß Highways und Berufskiller? Tja, wir haben auch Kürbisse, Du Nase.)

Als ich anfing, an diesem Buch zu arbeiten, hielt ich nach Kürbisbauern Ausschau, die ein kleines bisschen spinnert sind wie Chuck. Für die das Züchten riesiger Kürbisse zu ihrem Leben gehört, eine alles verzehrende Leidenschaft. Ich hatte zwei erfolgreiche Unternehmen aufgebaut und dabei die gleichen Techniken genutzt, die sie zum Ziehen gigantischer Kürbisse nutzen Also dachte ich: Hey, was wissen sie denn noch?

Nach einer Stunde mit Chuck am Telefon wusste ich mehr über Bewässerungsmethoden und Anzuchtformationen als 99,9 Prozent der Bevölkerung. Ich war fasziniert. Ich notierte wie wild – alles über die unterschiedlichen Widerstandskräfte der Kürbisse an der Wurzelstruktur, die aussieht wie ein Weihnachtsbaum, als er mir von den Niagarafällen erzählte.

Es ist offenbar so, dass Chuck und ein paar hundert Riesenkürbiszüchter jedes Jahr zu den Niagarafällen pilgern, wo sie sich zum Internationalen Riesengemüse-Züchter-Kongress treffen. (Nein, ich habe das nicht erfunden. Und es kommt auch in keiner einschlägigen US-Fernsehshow vor.)

„Alle Top-Züchter kommen", sagte Chuck. „Und bei ein paar Bier an der Bar gibt Dir vielleicht einer einen Samen, der 500 US-Dollar wert ist. Also dachte ich, es könnte die Reise wert sein."

Moment mal. Ein Samen im Wert von 500 US-Dollar? Er musste einen Eimer voll Samen meinen ... oder zumindest ein Tütchen voll, richtig?

„500 US-Dollar für nur einen Samen? Ernsthaft?"

„Klar. Und das ist nichts. Die besten Samen fangen bei 1.800 US-Dollar an", erklärte Chuck.

Ich war platt. „Für *einen* Samen", wiederholte ich.

„Ja. Einen Samen."

„Sorry", sagte ich, „mir scheint das ganz schön viel Geld für etwas so Kleines."

„Naja, klar, wenn Du einen Sieger-Kürbis züchten möchtest, dann musst Du einen Sieger-Kürbissamen ausbringen."

Das ist so wahr, Chuck. So wahr.

Er erklärte, dass man einen Kürbis von der Größe eines Autos nicht aus einem normalen Kürbissamen ziehen kann. Alle Züchter wollen den Samen von autogroßen Kürbissen, um daraus noch mehr autogroße Kürbisse ziehen, um so das blaue Band zu gewinnen.

Und das war der Zeitpunkt, als Chuck mir von Howard Dill erzählte.

All die Riesenkürbisse, die Du in den Sechs-Uhr-Nachrichten in den USA siehst – egal ob Du auf Deiner Couch in Topeka sitzt oder in Deinem Fernsehsessel in St. Paul –, kommen aus der gleichen Samen-Linie: Dills Atlantic Giants, die der Pate der Riesenkürbisse gezüchtet hatte, der verstorbene Howard Dill aus Nova Scotia, Canada.

„Wenn Du einen großen Kürbis ziehen möchtest, dann musst Du einen Atlantic-Samen nehmen", sagt Chuck. „Es gibt keine Alternative."

Ich wollte mehr erfahren, also legten wir auf und ich googelte „Howard Dill". Ich fand heraus, dass Dill sein ganzes Leben Landwirt gewesen war und dass Dills Atlantic-Giant-Samen hinter jedem Weltrekord steht, seit er 1979 seinen ersten aufgestellt hatte. (Er zog sie auf seinem Hof in der Nähe des Teichs, auf dem Eishockey erfunden wurde ... wie toll ist das denn?) Dill patentierte seinen Samen, und jetzt werden sie an Dutzende von Sämereien auf der ganzen Welt verkauft. Nach seinem Tod übernahm seine Familie das Unternehmen. Er war ein Riese unter den Riesenkürbisbauern. Ihm *gehörte* diese Nische.

Ich konnte nicht aufhören, über diesen Kürbissamen für 1.800 US-Dollar nachzudenken. Also rechnete ich nach. Ein Kürbissamen wiegt etwa ein 200stel einer Unze (ca. 0,6 Gramm) und kann über 1.800 US-Dollar kosten – Du weißt, was das bedeutet ... Riesenkürbissamen sind teurer als Gold. Also *viel* teurer als Gold. Denk mal darüber nach. Während ich dies hier schreibe, berichtet das Forbes-Magazin, dass eine Unze Gold über 1.750 US-Dollar wert ist. Eine Unze des preisgekrönten Atlantic-Giant-Kürbis-Samens kostet Dich etwa – oh! – 300.000 US-Dollar. Du kannst die Atlantic-Giant-Kürbissamen für 10 US-Dollar das Päckchen kaufen, aber bloß *ein paar* Samen von ausgezeichneten Kürbissen kosten mehr als Dein Auto.

Falls Du es noch nicht verstanden haben solltest: Ich erzähle Dir das alles nicht, damit Du Dein ganzes Geld in Dills Atlantic-Giant-Kürbissamen investierst. Der Grund, warum dies für Dich relevant ist, ist der, dass Du für eine erfolgreiche Unternehmensgründung vorab Deine eigene Atlantic-Giant-Saat säen musst.

Als Du Dein Unternehmen gegründet hast, wirst Du – wie auch ich seinerzeit – vermutlich mit einer ganzen Reihe unterschiedlicher Samen begonnen haben. Du hattest eine Tonne großartiger Ideen, hast jeden Kunden mit offenen Armen empfangen und Dir den Hintern aufgerissen, um die Saat all dieser Samen aufgehen zu lassen. Du hast gegossen und gegossen und gegossen ... bis Du fast abgesoffen bist. Einige Samen haben besser funktioniert als andere, haben sich zu völlig akzeptablen Kürbissen entwickelt ... also zu Gewinnen. Die Keime aus anderen Samen hingegen sind einfach verkümmert und abgestorben, obwohl Du kostbare Ressourcen eingesetzt hast, die Du eigentlich gar nicht hattest, um sie am Leben zu erhalten. Andere Samen sind einfach niemals aufgegangen.

Doch was wäre, wenn Du all Deine Zeit und Energie in den fantastischsten, vielversprechendsten und wertvollsten Samen stecktest? Dies ist ein Samen der, mit Deiner kenntnisreichen Liebe und Pflege, sicherlich zu einer Pflanze heranwachsen würde, die einen Kürbis von Mammut-Größe hervorbringen könnte. Was wäre, wenn Du weder Zeit noch Geld darauf verwenden müsstest, einen Haufen unterschiedlicher Samen auf verschiedene Art und Weise zu pflanzen? Was wäre, wenn Du mit Sicherheit wüsstest, dass Dein Samen positiv auf Dein Engagement reagieren würde, um zu wachsen, zu wachsen und zu wachsen?

Ich werde mich einmischen und für Dich antworten (weil, egal wie gern ich Deine Antwort auch hören würde, diese Autor-Leser-Beziehung ist nicht so interaktiv – noch nicht): Es ist wirklich einfach. Wenn Du Samen pflanzen würdest, die mehr als 150 Mal wertvoller sind als Gold, die Dir garantiert einen Superkürbis liefern würden, groß genug, um die ganze Stadt mit Pumpkin Pie zu versorgen – dann wärst Du total aus dem Häuschen. Und Du wärst glücklich, erfüllt und – höchstwahrscheinlich – reich.

Chuck weiß, dass er bloß einen einzigen von Dills Super-Spezial-Samen braucht, um eine ganze Kürbispflanze voller Kürbisse zu ziehen, und dass er, wenn er den bewährten Zuchtmethoden folgt, mit großer Wahrscheinlichkeit zumindest einen hammermäßig riesigen Kürbis ernten wird. Wenn er mehr als einen ziehen möchte, folgt er den gleichen Vorgaben und pflanzt einen weiteren der magischen Samen von Dill.

Verschwende nicht Deine Zeit, Samen zu setzen, die vielleicht funktionieren oder auch nicht. Pflanze die Saat, von der Du weißt, dass sie die beste Chance hat, sich gut zu entwickeln. Dann konzentrierst Du Deine Aufmerksamkeit, Dein Geld, Deine Zeit und andere Ressourcen auf diese enge Nische, bis sich all Deine unternehmerischen Träume erfüllt haben.

Wie Du Deinen eigenen Giant-Samen findest

Der Hauptunterschied zwischen Dir und einem aufstrebenden Riesenkürbisbauern ist der, dass Du bereits Deinen besten Samen besitzt, Du musst ihn bloß ausfindig machen.

Dein Giant-Samen ist im Grunde genommen Dein Sweetspot – der Ort, an dem Deine besten Kunden und der beste Teil Deines Unternehmens zusammenkommen. Der Ort, an dem Deine Lieblingskunden am meisten von dem systematisierten Kernprozess profitieren, der Dein Unternehmen ausmacht.

Im nächsten Kapitel zeige ich Dir, wie Du Deine Kunden differenzieren kannst und Deine besten Kunden identifizierst. Aber jetzt möchte ich, dass sie für Dich die Leute sind, mit denen Du am liebsten arbeitest – die Dir den meisten Umsatz bringen, vernünftige Erwartungen haben und gut kommunizieren. Ich weiß, Du hast eine kurze Liste dieser besten Kunden, denen Du oberste Priorität einräumst, ohne dass Du groß darüber nachzudenken musst, also lass uns jetzt mit denen anfangen.

Und für den Fall, dass Du gerade erst am Anfang stehst und noch keine Kunden hast, stell Dir einfach Deinen Idealkunden vor. Das sollte einfach sein, weil Deine Idealkunden Dir sehr ähnlich sein sollten. Sie sollten die gleichen Interessen haben wie Du, die gleichen Prinzipien, Hoffnungen, eine ähnliche Persönlichkeit und Herangehensweise an Dein Business.

In vielerlei Hinsicht sind Deine besten Kunden wie Deine besten Freunde.

Sie mögen Dich und Du magst sie. Ihr kommt gut miteinander aus, weil Ihr einander einfach versteht und respektiert; und Ihr habt Spaß miteinander. Außerdem zieht jeder von Euch etwas Großartiges aus Eurer Beziehung: Deine Kunden bekommen den Service, den sie brauchen, und Du bekommst die Prämie, die sie zu zahlen bereit sind. Klone Deine besten Kunden von Deinen besten Freunden – und alles wird mit Sicherheit einfacher.

Dein zentrales System ist das einzigartige Angebot, das Dein Unternehmen von allen anderen Deiner Branche unterscheidet. Dabei geht es nicht nur um Dein Produkt oder Deine Dienstleistung; es geht genauso um Deine Herangehensweise, wie Du Dein Produkt oder Deine Dienstleistung erbringst, und es geht um die spezifischen Talente, Fähigkeiten und Erfahrungen, die Du mitbringst. Es ist Deine große Idee, Dein Wissen und Dein Charisma in einem verrückten Cocktail, den niemand nachahmen kann.

In „Not macht erfinderisch – Der Klopapier-Unternehmer“ sprach ich davon, wie wichtig es ist, sich auf einen Innovationsbereich zu fokussieren, und habe die drei zugehörigen Aspekte erläutert: Qualität, Preis und Kundennutzen. Niemand kann wahrlich die Führerschaft in allen drei Bereichen zugleich übernehmen. Viele haben das versucht und sind gescheitert. Man kann nicht Premiumqualität superschnell zum niedrigsten Preis liefern. Das funktioniert einfach nicht.

Wir wissen zum Beispiel alle, dass Wal-Mart im Preis führt. Preis ist deren Spielfeld, und sie gewinnen nahezu jedes Mal. Was also passierte, als sie versuchten, beim Thema Kundennutzen mitzuspielen, indem sie ihren eigenen DVD-Filmverleih aufmachten, um mit Netflix und Blockbuster zu konkurrieren? Da haben sie nicht bloß verloren – sie sind vollkommen untergegangen. In echter Wal-Mart-Manier unterboten sie die Gebühren von Netflix und Blockbuster, doch hatten sie innerhalb von weniger als zwei Jahren lediglich 300.000 Abonnenten. Zu dieser Zeit hatte Netflix mit 3 Millionen Abonnenten das Zehnfache (Blockbuster hatte etwas mehr als 800.000 Abonnenten). Und Wal-Mart verfügte nicht über die Infrastruktur, um hinsichtlich Kundennutzen in den Wettbewerb zu gehen – Netflix besaß mehr Vertriebsstellen, sodass sie mehr DVDs an mehr Leuten liefern konnten, und zwar schneller als Wal-Mart. Selbst der mächtige Wal-Mart ist außerhalb seines Kernbereichs des günstigsten Preises nicht wettbewerbsfähig. Und Du auch nicht.

Du musst Dich entscheiden. Wo liegt Dein Innovationsbereich? Bist Du der Qualitätstyp, der sich die Zeit nimmt, die Dinge richtig zu machen? (Denk an Mercedes.) Kannst Du Deinen Kunden den besten Preis bieten? (Denk an Wal-Mart.) Oder kannst Du einen großartigen Kundennutzen bieten? (Denk an McDonald's.)

Aber warte mal. McDonald's hat doch auch den besten Preis. Ein gigantischer Hamburger mit Pommes und einem Softdrink von der Größe Deines Kopfes wird Dir innerhalb von 60 Sekunden für nur 7,99 € ins Auto gereicht. Da hast Du's: der Schnellste und der Billigste. Richtig?

Falsch. MacDonald's spielt nicht beim Preis-Spiel mit. McDonald's spielt das *Kundennutzen*-Spiel. Das letzte Mal, als ich im Supermarkt war, konnte ich eine Zweiliterflasche Limo, ein Pfund Hackfleisch und ein paar Kartoffeln für weniger als die McDonald's-Kombi einkaufen. Du kannst eine vierköpfige Familie für den gleichen Preis satt kriegen! Also gewinnt der Supermarkt das Preisspiel. Aber, Mann, einen Burger in 60 Sekunden, das klingt gut. McDonald's dominiert im Kundennutzen-Bereich.

Der Innovationsbereich ist lediglich eine Komponente Deines einzigartigen Angebots. Eine weitere ist Deine größte Stärke, das, was Du so richtig, richtig gut kannst. Es ist das, was Du von Natur aus wunderbar beherrschst; es fällt Dir so leicht, dass es sich gar nicht nach Arbeit anfühlt. Deine größte Stärke ist auch das, was Du am meisten liebst, was Dich so richtig glücklich macht. Und aus all diesen Gründen, ist es das, was Du *zuerst* tun möchtest. Du musst Dich dafür nicht aufpeitschen, um es zu tun, oder um Hilfe bitten – für Dich läuft das einfach automatisch. Und weil Du vermutlich das Bauchladen-Spiel gespielt hast, ist es wahrscheinlich die Sache, die Du *vermisst*. Die Sache, von der Du wünschst, dass Du sie tun könntest – wenn Du nur aufhören könntest, den ganzen anderen Kram zu erledigen.

Kombiniere Deinen Innovationsbereich und Deine größte Stärke mit Deinem Privatleben und Deinem Geschäftsleben – etwas, was niemand anders machen kann, weil niemand anders *Du* ist – und Du erlebst, wie sich Dein Unternehmen authentisch von der Konkurrenz unterscheidet. Dein einzigartiges Angebot ist die Kombination Deines Innovationsbereichs, Deiner größten Stärke und der Qualitäten, Eigenschaften, Talente und Interessen, die Dich ausmachen.

Um zu Deinem Sweetspot zu kommen, musst Du Deine Fähigkeit berücksichtigen, jeden Aspekt Deines Unternehmens zu systematisieren. Du denkst vielleicht (wie Eric), dass Deine Branche zu einzigartig ist oder zu kleinteilig, um systematisierbar zu sein, aber das stimmt nicht. Während Dein Unternehmen mit der Zeit wächst, sollte es einfacher werden, Systeme einzuführen, nicht schwieriger. Manches wird Dir leichter fallen, Du wirst mehr Kontakte haben und mehr Leute in Deinem Team, die wissen, wie die Dinge laufen. Wenn Du also über Deine Fähigkeit zum Systematisieren nachdenkst, frage Dich: „Ist das heute leicht zu erledigen, und kann ich es mit der Zeit immer einfacher machen?“

Systeme sind es, die es Dir erlauben, Dein Unternehmen für einen vierwöchigen Urlaub zu verlassen, und Du weißt, dass alles auch ohne Dich ganz wunderbar funktionieren wird. Und wenn Du es richtig anstellst, wird Dein Unternehmen sogar wachsen.

Ich bin der visuelle Typ. Meine Bürowände sind mit gigantischen Whiteboards gepflastert und mit Skizzen und Notizen gefüllt. Also habe ich dieses kleine Diagramm gezeichnet, um Dir beim Finden Deines Samens zu helfen. Schau Dir das Bild an und ich mache es für Dich greifbar. Ich würde mal sagen, diese kleine Zeichnung macht Frank klar, wo der Hammer hängt.

Oben links sind Deine Top-Kunden, die Leute und Unternehmen, die durch die Arbeit mit dem Bewertungsbogen (s. nächstes Kapitel) an die Spitze Deiner aktuellen Kundenhierarchie gekommen sind – mit anderen Worten: Deine besten Kunden. Oben rechts haben wir Dein einzigartiges Angebot, die Kombination aus Deinem Innovationsbereich, Deiner größten Stärke und Deiner Erfahrung. Unten haben wir die Systeme, Deine Fähigkeit, Dein Angebot leicht zu erstellen und durch Automation oder andere Menschen zu vervielfältigen.

In der Mitte der Abbildung liegt Dein Sweetspot, Deine Gelegenheit für Riesenwachstum. Per definitionem muss Dein Sweetspot – Dein Atlantic-Giant-Samenkorn – so liegen, dass die drei anderen Dinge funktionieren. Jedwede abweichende Kombination wird nicht die gleichen Ergebnisse erbringen.

Wenn Du zum Beispiel ausschließlich mit Deinen besten Kunden arbeitest (Du findest in Kapitel 4 heraus, wer das ist) und ein einzigartiges Produkt oder eine einzigartige Dienstleistung anbietest, dies aber nicht systematisieren kannst (Du musst es selbst tun und kannst niemanden einsetzen, um es an Deiner Stelle zu erledigen), dann bist Du unter ständigem Druck, weil Du niemals genügend Zeit und Geld haben wirst. Du wirst immer Deine Zeit gegen Geld tauschen – wie Eric, der weltreisende, rennwagenfahrende Typ, der niemals sein Handy aus- ... und sein Leben einschaltet.

Wenn Du ein einzigartiges Produkt oder eine einzigartige Dienstleistung anbietest und sich dafür leicht Systeme einführen lassen, aber im Grunde niemand Interesse daran hat, es gibt keine „besten Kunden“, dann ist klar: Du hast ein Problem.

Und wenn Du mit Deinen besten Kunden arbeitest und leicht Systeme einführen kannst, aber Dein Angebot ist alles andere als einzigartig, dann gibt es keine Einstiegshürde, die Konkurrenz wird Dich über den Preis schlagen ... häufig ... und noch auf eine Million andere Arten. Was bedeutet, dass Du Dein Unternehmen niemals zu dem Riesenwachstum wirst bringen können, von dem wir beide wissen, dass es gehen könnte.

Jorge Morales und Jose Pain haben diese Lektion auf schmerzhafte Art und Weise gelernt. 2007 gründeten sie ihr erstes Unternehmen: Spezialized ECU Repair, das auf die Reparatur von elektrischen Steuergeräten (electrical control units (ECU)) für Luxusautos spezialisiert war (diese edlen Computer, ohne die ein 100.000-Euro-Auto innerhalb von Nanosekunden kaputt ist). Ihr Ziel war es, so vielen Kunden wie möglich zu helfen. Weil ein reparierter ECU 30 Jahre halten kann, kamen viele ihrer Kunden nur ein einziges Mal. Also versuchten sie, alle Reparaturanfragen zu erfüllen, selbst solche für europäische Autos, deren Technologie sie noch nicht richtig durchdrungen hatten.

Obwohl beide erfahren Elektrotechniker waren, hatten sie eine Spezialität – sie konnten ECUs nahezu aller Porsches und BMWs innerhalb weniger Tage reparieren. Bei anderen Luxuskarossen nicht ganz so schnell. Es war nicht so, dass sie den ECU eines Jaguar nicht innerhalb einer Woche reparieren *konnten* – so jedenfalls lautete ihr Versprechen. Doch weil Jorge und Jose wollten, dass ihr Unternehmen wächst, taten sie, was die meisten Unternehmer zu Beginn tun: Sie übernahmen Arbeiten, die sie wohl nicht hätten übernehmen sollen.

„Anfänglich wurden wir in Versuchung geführt. Wir wollten sehen, ob wir die ECUs, die wir nicht so gut kannten, genauso schnell reparieren konnten, wie die, bei denen wir richtig gut waren“, erklärte Jorge. „Wir mussten uns aus dem Feld zurückziehen und das Geld zurückzahlen, das man uns für die Reparatur gezahlt hatte. Wir mussten ein paar Dinge sein lassen, bei denen wir nicht die Besten waren – zum Beispiel die sehr frühen Jaguar-Modelle –, weil wir Kunden wirklich schadeten, die ihr Vertrauen in uns gesetzt hatten, dass wir das schaffen würden.“

Also fokussierten sie sich stärker und nahmen nur noch Jobs an, von denen sie *wussten*, dass sie sie ganz herausragend erledigen würden. Sie kümmerten sich um ihre Kunden, lieferten Qualitätsreparatur, auf die sich Ihre Kunden verlassen konnten. Mit der Zeit wurden sie sogar noch besser darin, die ECUs für Porsche und BMW zu reparieren. „Nach und nach bekamen wir mehr Aufträge und entwickelten mehr Werkzeug, unsere Lieferzeit verkürzte sich dramatisch. Jetzt können wir fünf Computer in einer Stunde reparieren und 2.500 US-Dollar verdienen.“ Im Bemühen um immer weitere Systematisierung, haben sie ein ECU-Austausch-Programm entwickelt, das es ihnen erlaubt, über Nacht neue Computer im Tausch gegen den alten für ihre Kunden zu besorgen.

Jorge und Jose haben ihren Sweetspot gefunden, diesen Ort, an dem das Bedürfnis ihrer besten Kunden (rasche, zuverlässige Ausführung) sich mit ihrem einzigartigen Angebot (Innovationsbereich = Qualität; größte Stärke = Porsche und BMW) und ihren eingeführten Systemen (neue Werkzeuge und Programme zur Prozessoptimierung) überschneiden.

„Als wir versuchten, zu viel zu tun, haben wir nicht so viel verdient. Jetzt konzentrieren wir uns auf ECUs für Porsche und BMW. Es scheint unlogisch, dass wir dadurch mehr Geld verdienen, dass wir uns [so stark] fokussieren. Aber so ist es.“ So richtig.

Um Dein Unternehmen wachsen zu lassen, musst Du Dich auf diesen Sweetspot konzentrieren, der alle drei Komponenten beinhaltet – nicht nur ein oder zwei. Sonst hetzt Du nur immer durch die Gegend, um all diese verschiedenen Samen zu gießen, aber nicht den Atlantic Giant. Und wenn Du den Atlantic Giant nicht setzt, dann wird es niemals ein Riese werden – selbst wenn die anderen Samen aufgehen. Du wirst auf ewig gießen, hegen und pflegen und trotzdem bloß einen Vierpfünder vorweisen können. Wir wissen bereits, wohin diese Strategie führt. Muss ich Dich an diesen sabbernden, eineiigen Typen erinnern? Er sitzt vermutlich auf Deiner Schulter. (Nein, nicht hinschauen! Nicht hinschauen! Er wird böse, wenn Du ihn direkt anschaust.) Also, schubs ihn jetzt von Deiner Schulter, weil Du weißt, dass er noch nicht einmal vom Sweetspot *gehört* hat.

Es gibt nur einen Atlantic Giant

Viele Leute gründen ein Unternehmen und versuchen sofort, jemand anderen zu kopieren. Das liegt in der menschlichen Natur. In der Grundschule wollten wir das gleiche Spielzeug haben wie die anderen, wollten die gleichen Comicserien sehen, Fans der gleichen Fußballmannschaften sein. In der weiterführenden Schule wollten wir zur coolen Clique zu gehören, indem wir ihren Stil kopierten, ihre Ausdrucksweise und sogar ihre Überzeugungen und Werte. Als Erwachsene versuchen wir, mit den Leuten mitzuhalten, die wir bewundern – wir wollen das gleiche Auto fahren, die gleichen Urlaube machen, den gleichen Scheiß kaufen.

Wir schauen immer auf andere und gründen unsere Entscheidungen darauf, wie wir besser werden können als sie oder ihnen noch ähnlicher. Was war das Erste, was Du getan hast, als Du eine Webseite für Dein Unternehmen aufgesetzt hast? Ich wette, Du hast Dir die Seiten einiger Konkurrenten angeschaut. Und als Du die erste Jobanzeige aufgegeben hast, um Deinen ersten Mitarbeiter einzustellen? Ich wette, Du hast die Anzeige Deines größten Konkurrenten kopiert (und vermutlich auch die AGB von ihrer Webseite geklaut).

Und wie war das, als Du ein neues Produkt eingeführt hast? Hast Du geprüft, was die Konkurrenz im Angebot hat, bevor Du selbst etwas entwickelt hast? Ich wette, so war's. Du brauchst Dich nicht zu schämen, ich möchte Dich auch deswegen nicht kritisieren – ich hab das genauso gemacht. Aber es ist eine Falle. Es ist eine Falle, weil Du Deinen eigenen

Atlantic-Giant-Samen nicht im Beet eines anderen findest. Du kannst keinen Klon des Atlantic-Giant-Samens kreieren; Du brauchst Deinen eigenen. Du kannst weiterhin von anderen lernen, auch von der Konkurrenz, aber um Deinen Sweetspot zu finden, musst Du Du selbst sein.

Während Du wissen musst, was Deine Konkurrenz treibt, musst Du auch verstehen, dass sie nicht Deinen Atlantic-Giant-Samen haben. Verdammt, wenn sie überhaupt etwas haben, dann noch mehr Unkraut für Dein Beet. All dieses Vergleichen, Bewerten und der beständige Versuch, gleichzuziehen, sind große Fehler, weil sie Dich von Deinem Sweetspot fernhalten. Wenn Du aufhörst, auf die anderen zu schauen, und Dich daran orientierst, wie Du leicht etwas wahrhaft Einzigartiges bieten kannst, etwas, was Deine besten Kunden wirklich haben wollen; wenn Du das tust, was Dir am leichtesten fällt, was am meisten Spaß macht, was Dir am meisten Befriedigung verschafft, dann hörst Du auf, Deiner Konkurrenz zusammen mit allen anderen hinterherzulaufen. Du wirst zum Anführer.

Mit den Worten des großen Amateur-Kürbisbauern Chuck Radcliffe: „Wenn Du einen preiswürdigen Kürbis ziehen möchtest, dann musst Du einen preiswürdigen Kürbissamen setzen." Es gibt nur einen Atlantic Giant in Deinem Beet, und Du musst nicht zu den Niagarafällen fahren, um ihn zu bekommen. Du musst nur nach Plan arbeiten, Mann. Arbeite einfach nach Plan.

Der Arbeitsplan

30 Minuten (oder weniger) Action

1. Zeichne das Bild. Im nächsten Abschnitt wirst Du herausfinden, wer Deine besten Kunden sind. Aber zunächst musst Du die Basisarbeit leisten. Zeichne und beschrifte drei Kreise auf einem Blatt Papier. Oder Du kannst ein paar vorgefertigte Kreise von der Seite www.pumpkinplan.inspirited.de downloaden. Häng die Zeichnung dort auf, wo Du sie jeden Tag siehst und fülle sie mit Informationen, die Du herausfindest. Dies ist keine einmalige Übung. Sei darauf vorbereitet, häufig drüberzuschauen, zu überarbeiten und zu verbessern.

2. Konzentriere Dich auf Deinen Innovationsbereich. Was ist Dein „Ding"? Wofür ist Dein Unternehmen bekannt? Für schnelle Lieferung oder schnelle Reaktionszeiten? Seid Ihr auf Exzellenz eingeschworen, die in Deiner Branche nicht seinesgleichen kennt? Oder seid Ihr die Preiswertesten im Lande? Nimm Dir etwas Zeit, Deinen Innovationsbereich zu ermitteln. Und denk dran: Du kannst nicht jedem alles recht machen. Du kannst nur *eine* Sache für eine Gruppe wichtiger Leute richtig machen – für Deine besten Kunden. Wo bist Du *wirklich* innovativ – in Qualität, Tempo/Effizienz oder Preis? Jetzt, da Du weißt, wo Du innovativ bist, beantworte folgende Fragen: Wie könntest Du den Innovationsbereich so voranbringen, wie es in Deiner Branche bisher selten umgesetzt wurde – oder besser noch, wie es in Deiner Branche bislang vollkommen unbekannt ist?

3. Arbeite heraus, wie Du automatisieren kannst. Welche Aufgaben übernimmst Du selbst, weil Du denkst, dass es so einfacher ist, als wenn Du jemandem beibringst, wie es gemacht wird? Welche Aufgaben würden nicht erledigt werden, wenn Du für vier Wochen in Urlaub fahren würdest? Wenn Du eine Auszeit nehmen würdest, würde Dein Unternehmen zusammenbrechen? Liste all diese Dinge auf, denn das sind die Punkte, an denen Du ansetzen musst, Systeme einzuführen. Ein System aufzubauen ist schmerzhaft und zeitintensiv; es dauert vielleicht zehnmal, vielleicht sogar hundertmal länger, als es „einfach zu erledigen". Aber wenn das System erst einmal steht und läuft, wird das Ganze automatisiert und Du musst es nie, nie wieder tun.

Der Pumpkin Plan in Deiner Branche – Bauindustrie

Angenommen, Du bist ein Bauunternehmer. Zieh Deinen Blaumann an, pack Deinen großen schwarzen Henkelmann ein und Deinen 1970er-Jahre-Tyco-Hammer – wir machen uns jetzt daran, den Pumpkin Plan am Bau einzuführen.

Du bist Bauleiter – Du überwachst den Bau von Einfamilienhäusern und anderen Objekten. Das ist ein schwieriger Markt, in dem Du mit allen anderen Bauleitern um die gleichen Kunden buhlst: jene Bauträger, die sich um junge Familien kümmern, um Senioren, um Karriere-Singles und so weiter. Wie jeder andere auch versuchst Du, Empfehlungen von Architekten zu bekommen, die mit einzelnen Kunden zusammenarbeiten – mit allen möglichen, selbst mit völlig bekloppten. Bei schlechter Marktlage – ach, in jeder Marktlage – nimmst Du, was kommt.

Wenn Du Deinen Bewertungsbogen ausgefüllt hast, weiß Du genau, welche Kunden gehen müssen – die Leute, die eine 240-Tage-Zahlungsziel-Strategie zu haben scheinen, der Bauunternehmer, der die Arbeiten verschleppt und dann die Deadlines von einer Sekunde auf die andere verschiebt. Es ist leicht, diese Leute gehen zu lassen, denn allein der Gedanke daran, Dich nicht mehr mit ihnen herumschlagen zu müssen, löst in Dir den Drang aus, die Straße herunter zu hüpfen wie Mary Poppins. Du sagst Spätzahler-Larry einfach, dass Du Deine Preise erhöhst und eine üble Mahngebühren-Politik einführst. Larry ist clever, deshalb ist er schnell auf der Suche nach jemand anderem, der ihn gewähren lässt. Und das Trödel-Team? Du feuerst sie, durch das Einführen einer anderen Strategie: Es gibt Strafgebühren für das Verzögern von Projekten *und* Dringlichkeitszuschläge. Und weg sind sie.

Mit dem Verschwinden Deiner beiden größten Seuchen-Partner, kannst Du jetzt anfangen, in Form zu kommen. Jetzt musst Du Dich nicht mehr darum kümmern, bei Larry das Geld einzutreiben – brauchst Du da wirklich noch einen Vollzeitbuchhalter? Könntest Du Dein eigenes Team verkleinern?

Als nächstes schaust Du, wie Du Deinen Top-Kunden, den Bauträgern, das Beste bieten kannst. Bevor Du Dich ihnen zuwendest, überlege, was sie gemeinsam haben – falls es da etwas gibt. Sind sie auf ökologisches Bauen spezialisiert? Wenden sie sich an eine bestimmte demografische Zielgruppe? Brauchen sie besondere Baumaterialien? Wenn Du Dir ihre Gemeinsamkeiten anschaust, mit dem Ersinnen einer Strategie beginnen, die sich insbesondere an Bauträger richtet.

Du rufst Deine sechs Top-Kunden an und bittest sie um ein Treffen. Du möchtest mit ihnen besprechen, wie Du ihnen besser zu Diensten sein kannst. „Was sind Deine größten Probleme mit *unserer* Baubranche?“ „Wenn Du Dir eine Sache wünschen könntest, was würdest Du Dir wünschen: Was sollten Bauleiter wie wir für Bauträger wie Dich tun?“ „Was würde Dein Leben – geschäftlich *und* privat – *leichter, besser, rentabler* machen?“

Als Du ein paar Wunschzettel zusammen hast, stellst Du fest, dass zwei Bauträger Unternehmen brauchen, die schnell arbeiten, blitzschnell. Es sieht so aus, als gebe es einen Markt für schnellen Häuserbau. Du hast schon einige Häuser in Rekordzeit gebaut – was tatsächlich recht einträglich war. Und Du kannst das Ganze systematisieren, sodass es total einfach wird, solche Projekte fertigzustellen, unmittelbar eins nach dem andern. Mit den Eilzuschlägen und der „Keine Zeit, es sich anders zu überlegen“-Strategie, verdienst Du viel Geld mit superschnellem Hausbau. Hm. Warum ist Dir das eigentlich nicht früher aufgefallen? (Tipp: Weil Du mit dem Bau von Hundehütten bis Luxusvillen viel zu beschäftigt warst … und weil Deine Buchhalterin alle Hände voll damit zu tun hatte, Larry zum Bezahlen zu überreden!)

Plötzlich bist Du an Deinem Sweetspot angekommen – an diesem magischen Ort, wo Deine Top-Kunden und Dein bester Service sich mit Deiner Fähigkeit zum Automatisieren überschneiden. Wie wäre es, wenn Du Dich auf superschnellen Hausbau spezialisiertest? Du weißt mit Sicherheit, dass nicht viele Deiner Konkurrenten sich als superschnell bezeichnen. Wenn Du Dich daher auf dieses spezifische Angebot fokussierst, dann bist Du der, zu dem sie alle kommen. Die *Autorität*.

Also fängst Du an, Deinen Fokus zu verschieben. Du arbeitest die bestehenden Verträge ab, aber Du baust Dein Unternehmen für die neue Nische um. Du meldest Dich bei Deinen Top-Kunden zurück und sagst ihnen: „Hey, Du hast gesagt, Du wolltest schnelle Fertigstellung, und wir überlegen, uns darauf zu spezialisieren. So sieht unser Plan aus – könntest Du mir ehrliches Feedback dazu geben?“ Du schreibst alles mit, stimmst Deine Strategie entsprechend ab, bis Dein Kunde sofort zuschlägt, um seinen Platz in Deinem Kalender zu buchen.

Selbst mit diesem neuen Fokus und der Kompetenz werden Dich viele Leute nach wie vor den „Baumeister“ nennen. Also gibst Du Dir selbst ein neues Label. Jetzt bist Du der Anbieter von „schnellen Hausbaulösungen“. „Was ist das?“, fragen Deine Kunden. Perfekt. Jetzt hast Du die Gelegenheit, ihnen den Unterschied zu erklären.

Jetzt hast Du *jede Menge* lukrativer Projekte Deiner Top-Kunden, die Dir sehr zugetan sind, weil Du ihre Wünsche erfüllt hast. Ihr Business brummt. Dein Business brummt. Also wendest Du Dich wieder Deinen Top-Kunden zu, den Bauträgern, und fragst: „Würdest Du mich an Deine bevorzugten Lieferanten empfehlen? Ich möchte mit ihnen überlegen, wie wir Dein Leben noch einfacher, besser und großartiger machen können.“ Und jetzt bist Du ein Rockstar. Noch besser: Du wirfst jetzt die Lieferanten-Empfehlungsmaschine an.

Du triffst Dich mit Versicherungsmaklern, Darlehensgebern, Architekten. Die finden Dich gut, weil Du ihnen helfen möchtest, und zusammen macht ihre Eure gemeinsamen Kunden glücklich. Wenn sie also gefragt werden: „Kennst Du jemanden, der ein Qualitätshaus in weniger als sechs Wochen bauen kann?“, dann sagen sie: „Und wie! Ich kenne einen Typen, der ist auf schnelle Hausbaulösungen *spezialisiert*. Ich bringe Euch am besten zusammen.“ Hast Du das mitbekommen? Die anderen Lieferanten nutzen Dein Label. Gut gemacht.

In kurzer Zeit ist Dein Unternehmen, das *einzige*, an das sich Leute wenden, wenn sie ein Haus bauen möchten, und zwar schnell. Du bist der größte Kürbis von allen. Schlechte Marktlage? Was ist das? Dein Unternehmen ist nicht mehr von Zinsfüßen oder Trends abhängig oder davon, die Konkurrenz zu schlagen. Es *gibt* keine Konkurrenz. Irgendwer braucht immer einen schnellen Hausbau. Immer.

Kapitel 4: Die Pflanze begutachten

So leidenschaftlich, wie ich bisher war, und so oft ich Dir versprochen habe, dass der Pumpkin Plan aufgeht – ich weiß, dass Du vermutlich noch immer denkst: „Der Typ hat doch ’nen Knall. Ich werf doch keine Kunden raus!“ (Oder irgendeine Variante davon.) Selbst wenn Du glaubst, dass irgendwas dran sein *könnte*, glaubst Du vermutlich wie Bruce, der Hochzeitsflorist, dass es sich irgendwann auszahlen wird, wenn Du wie ein Tier schuftest. (Das *muss* es doch, nicht wahr?) Klar schickst Du die 1-a-Idioten weg, aber Du wirst nicht *alle* Kunden abweisen, die Dir das Leben schwer machen oder Dich Geld kosten. Was, wenn das nach hinten losgeht? Was, wenn einer dieser Kunden sich super entwickelt, grad wenn Du ihn aussortiert hast? Was passiert, wenn Du am Ende nur noch eine Handvoll Kunden hast?

Leute, mehr ist nicht besser. *Besser* ist besser.

Du musst diese Vorstellung aufgeben, dass die Menge ausschlaggebend ist. Du musst aufhören, Dich für Kleingeld zu Tode zu schuften. Ich möchte, dass Du Deinen Ängsten einen draufgibst und anfängst, Dich um die Kunden zu kümmern, die Deine wildesten Umsatzträume wahr werden lassen, wenn Du sie wirklich magst (und andere Kunden, die so sind wie sie).

Als meine Freundin Al Harper ihr Freelance-Schreib-Unternehmen 2005 gründete, sagte sie zu jedem Job Ja, der ihres Weges kam. Sie schrieb Artikel, Bücher, Blogposts – alles, alles. Und ich meine wirklich *alles*. Sie wird mich vermutlich umbringen, wenn ich Dir das erzähle, aber einmal nahm sie den Auftrag an, Artikel über Penisvergrößerungen für einen semi-pharmazeutischen Lieferanten zu schreiben. Und, nein, dieses Zeugs funktioniert nicht. Frag *nicht*, woher ich das weiß.

Die Sache war die: Auch wenn sie zum Überleben genug verdiente, war sie nicht auf dem richtigen Weg, nicht so richtig. Sie arbeitete sieben Tage die Woche und musste sich am Ende immer noch Geld von ihrer Familie leihen, um sich durchzuschlagen. Schlimmer noch: Sie verbrachte jeden Tag Stunden damit, sich für neue Projekte zu bewerben, neue Kunden zu gewinnen.

Schnellvorlauf – sechs Jahre später: Sie ist auf dem richtigen Weg. Sie hat ein ganzes Team, das für sie arbeitet, und gemeinsam machen sie für ihr Unternehmen Book Lab ein Buch nach dem anderen fertig. Kürzlich sprachen wir bei Chili Hot Dogs und Kräuterlimonade. Sie erklärte mir, wie sie begann, die Dinge zu verändern. „Nach zwei Jahren wurde mir klar, dass ich eine Handvoll Kunden hatte, mit denen ich wirklich gern arbeitete. Und diese hatten ein paar Dinge gemeinsam", sagte sie. „Sie alle boten Produkte an, waren also nicht irgendwelche Idioten mit leeren Versprechungen für die Leser. Sie hatten die Ausdauer und waren in der Lage, ihre Bücher in die Welt zu bringen. Und, das Wichtigste: Sie respektierten mich, was bedeutete, dass wir zusammenarbeiten konnten – das ist mir das Liebste."

Sie konzentrierte sich also auf ihre besseren Kunden und hörte auf, sich um weitere Kunden zu bemühen. Innerhalb weniger Monate meldeten sich potenzielle Neukunden bei ihr: Ihre Top-Kunden hatten sie weiterempfohlen. Und weil sie neue Kriterien für ihre Kunden hatte (bieten sie Produkte an, haben sie Ausdauer, haben sie Respekt), sagte sie nur jenen zu, die zu ihr passten, und nicht jenen, die nicht zu ihr passten. Sie hat sich seit 2007 für kein Projekt mehr beworben oder Werbung für ihr Unternehmen gemacht. Die Kunden kommen einfach. Kunden, die sie genauso liebt wie die Handvoll ihrer *besseren* Kunden, die sie zu den neuen Standards inspiriert haben. Sie leiht sich auch kein Geld mehr von ihrer Familie. Eher leihen die anderen sich Geld von ihr.

Nicht mehr ist besser. *Besser* ist besser.

Die Sache mit der einsamen Insel

Es gibt drei Arten von Kunden, die man folgendermaßen ordnen kann: 1. gute Kunden, 2. nicht existente Kunden und 3. schlechte Kunden. Wenn Du Dir die Liste anschaust, möchtest Du die Reihenfolge möglicherweise ändern und die „nichtexistenten Kunden" ans Ende stellen. Denn schlechte Kunden sind sicherlich besser als gar keine Kunden – oder? Nein. So wie schlechte, gammelige Kürbisse Nährstoffe von den Kürbissen wegsaugen, die sich prächtig entwickeln, und deren Wachstum behindern, so lenken Dich schlechte, gammelige Kunden ab, rauben Deine Kraft und kosten Dich Geld. Es geht Dir weitaus besser, wenn Du keine Kunden hast als schlechte Kunden. Denn wenn Du keine Kunden hast, dann kannst Du nach guten suchen, anstatt Dich zu verbiegen, zu verrenken und an die Bedürfnisse Deiner schlechten Kunden anzupassen.

Was mich zur nächsten Frage bringt. Du kennst die Sache mit der „einsamen Insel" und hast die entsprechende Frage vermutlich im Laufe Deines Lebens schon häufig beantwortet. Du weißt schon, die Frage geht in etwa so: „Stell Dir vor, Du wärst auf einer einsamen Insel gestrandet und könntest nur ein ... (hier jetzt das einsetzen, worum es gerade gehen mag: einen Kosmetikartikel, eine Playlist, einen Menschen usw.) mitnehmen, wer oder was wäre das?“ Ich? Ich würde eine Zahnbürste mitnehmen, einen Navy Seal und das großartigste Album aller Zeiten, Def Leppards *Pyromania*.

Bevor Du mir jetzt ins Gesicht springst: Es gibt einen Grund, warum ich einen Navy Seal mitnehmen würde und nicht meine mich liebende, großartige, wunderbare Ehefrau (könnte sein, dass sie das liest ...). Ich nehme sie nicht mit; denn wenn wir gemeinsam auf einer einsamen Insel stranden *würden*, wären wir in weniger als zwei Stunden tot. Ernsthaft, wir sind die beiden in praktischen Dingen hilflosesten Menschen des gesamten Planeten. Zudem falle ich um, wenn ich Blut sehe, und sie hat eine Sonnenallergie. Vielleicht haben wir uns mal in einem Strandresort verlaufen (vielleicht auch nicht): noch fünf Minuten, und ein Rettungshubschrauber hätte uns aufsammeln müssen... am Pool. Meine Frau und ich sind unbedarft genug, um es garantiert fertigzubringen, dass wir eines sicheren (und vermutlich schmerzhaften) Todes sterben. Deshalb nehme ich einen Navy Seal. Diese Typen können *alles*.

Hier ist meine „Einsame Insel“-Frage für Dich: Wenn Du nur einen Kunden oder eine Kundin auf Deine einsame Insel mitnehmen könntest, wer wäre das? Wen könntest Du die ganzen Monate oder Jahre ertragen, die Ihr brauchen würdet, um die Insel zu verlassen? Wem könnest Du vertrauen? Wen magst Du? Wer würde tatsächlich während Eurer Zeit dort mit Dir gemeinsam daran arbeiten, zu überleben oder es Euch sogar gut gehen zu lassen?

Wenn Du herausarbeitest, welche Kunden den VIP-Status genießen sollen, dann kannst Du nicht allein nach Umsatz gehen, Du kannst Dich auch nicht nur nach Deinem Bauchgefühl richten. Wenn Du wirklich dieses Unternehmensding stemmen möchtest, dann brauchst Du großartige Kunden, zu denen Du einen richtigen Draht hast, Kunden, die Dir das Gefühl geben, dass Du morgens gern zur Arbeit gehst – und Dir nicht die Bettdecke über den Kopf ziehen möchtest. Du möchtest Kunden, die Potenzial haben, offen sind für Neues, die Geld haben, Dir das zu zahlen, was Du wert bist. Die Dich respektieren, die auf dem Weg sind und möchten, dass Du mitkommst. Du kannst es nicht dem Schicksal überlassen, diese großartigen Kunden zu finden. Und Du kannst nun wirklich nicht darauf warten, dass furchtbare Kunden plötzlich feststellen, wie fantastisch Du bist und sich in großartige Kunden verwandeln. Das passiert niemals. N-I-E-M-A-L-S. Niemals.

Also, wie bekommst Du Deine Kundenliste unter Kontrolle? Zuerst identifizierst Du Deinen Ideal-Kunden, Deinen „Einsame Insel“-Kunden, den vielversprechendsten Kürbis an der Ranke. Dann hältst Du Ausschau nach Klonen, nach solchen Kunden, die Deinem Rockstar-Kunden so ähnlich sind, dass Du sie fast nicht unterscheiden kannst. Warum ist das so wichtig? Weil Du die besten, vielversprechendsten Kunden brauchst, damit Dein Unternehmen wächst – und Du brauchst viele dieser Kunden. Ist doch logisch, Michalob-shits (einer der wunderbaren Spitznamen meiner Schulfreunde).

„Aber Mike“, sagst Du, „kann ich nicht eine Menge toller Kunden haben, die jeder auf seine eigene Art fantastisch sind?“

Nein, kannst Du nicht.

Und zwar deshalb: Offensichtlich kannst Du Dein Unternehmen nicht auf einem einzigen Kunden aufbauen – unabhängig davon, wie großartig er oder sie ist. Das würde Dich von deren Erfolg vollständig abhängig machen. Aber Du kannst auch nicht effiziente Systeme aufbauen, die für 100 vollkommen unterschiedliche Kunden funktionieren. Wenn Du nicht systematisieren kannst, kannst Du nicht wachsen. Und wenn Du nicht wachsen kannst, dann steckst Du für immer im Hamsterrad.

Wer also kommt mit Dir auf die einsame Insel? Wer ist Dein 1-a--, für immer und ewig absoluter Lieblingskunde? Und, wichtiger noch: *Warum* hast Du ihn ausgesucht? Ist es sein verrückter Jagdinstinkt? Ist es seine Fähigkeit, aus zwei Kokosnüssen und etwas Seetang ein Radio zu bauen? Ist es, weil er so lustige Geschichten erzählen kann? Es ist entscheidend, dass Du verstehst, warum Deine Kunden gut sind für Dein Unternehmen und warum sie Dein Leben leichter machen, um zu erkennen, welche anderen Kunden wenigstens einige dieser Eigenschaften teilen. Und später kannst Du prüfen, welche neuen Kunden *viele* dieser Eigenschaften mitbringen.

Und wenn Du Dir nicht einmal einen existenten Kunden vorstellen kannst, mit dem Du bereit wärst, auf dieser einsamen Insel zu landen, dann denk Dir einen aus. Bastle Dir Deinen eigenen Traum-Kunden (wie Frankenstein, nur fescher), indem Du die besten Eigenschaften Deiner So-la-la-Kunden zusammenmixt. Die großartigen kommunikativen Fähigkeiten des einen mit dem blitzschnellen Zahlungsverhalten des anderen. Welche Eigenschaften hätte dieser selbstgestrickte Kunde? Prestigeträchtige Verbindungen? Unerschöpfliche Ressourcen? Die Bereitschaft, Dir zu verzeihen, wenn Du stolperst? Ich weiß, dass es merkwürdig sein kann, Dir einen großartigen Kunden zusammenzubasteln, wenn Du vor nicht allzu langer Zeit (vielleicht gestern) schier darum gebettelt hast, überhaupt einen Kunden zu haben – *irgendeinen* Kunden. Aber denk dran: Du wirst diesen Frankenstein-Kunden wieder und wieder klonen – und sollte das dann nicht der beste sein?

Der Bewertungsbogen

Natürlich kannst Du nicht alle Kunden bis auf einen feuern. Du musst schließlich essen. Wie also findest Du heraus, wer geht und wer bleibt? Wie bei jedem kleinen Schritt dieses Plans ist es auch hier ziemlich einfach. (Und dieser Schritt hat noch dazu diesen wirklich tollen Bewertungsbogen!)

Als ich damals anfing, den Pumpkin Plan in meinem ersten Unternehmen umzusetzen, folgte ich Franks Empfehlung der Kundenhierarchisierung – erst nach Umsatz, dann nach Gruselfaktor. Aber mit der Zeit habe ich meine eigene (sorry Frank), komplexere Hierarchisierungsmethode entwickelt und ihr einen ausgefuchsten, raffinierten Namen gegeben. Bist Du bereit? Ich habe sie ... Trommelwirbel ... Bewertungsbogen genannt. Ja, ok. Nicht raffiniert. Aber wer hat Zeit für raffiniert, wenn es um die Wurst geht?

Beim Bewerten Deiner Kunden oder Klienten gibt es ein paar grundlegende Eigenschaften, die für jede Branche relevant sind. Zahlen Deine Kunden pünktlich, wenn ihnen danach ist oder gar nicht? Empfehlen sie Dich weiter oder behalten sie alles für sich? Würden sie Dir sagen, wenn Du einen furchtbaren (oder furchtbar dämlichen) Fehler gemacht hättest, würden sie Dir die Chance geben, ihn wiedergutzumachen und die Sache dann auf sich beruhen lassen, oder würden sie es Dir bei jeder sich bietenden Gelegenheit wieder vorhalten? Ist ein supertoller Deal in Sicht oder ist Eure Zusammenarbeit ohnehin am Ende? Sagen Dir Deine Kunden, was sie brauchen und wollen, oder erwarten sie von Dir, dass Du ihre Gedanken liest? Respektieren sie Deine Kompetenz oder untergraben sie Dich ständig und stellen Dich infrage? Kommen sie immer, immer, immer wieder oder sind sie Eintagsfliegen?

Und natürlich hast Du auch Deine eigenen Kriterien – die Eigenschaften, die Dein Einsamer-Insel-Kumpel mitbringen soll (Top-Kunde). Vielleicht suchst Du nach Kunden, die Dein spezifisches Produkt oder Deine spezifische Dienstleistung am meisten favorisieren. Du weißt, womit Du das Geld verdienst – wäre es nicht fantastisch, wenn *all* Deine Kunden genau dieses Produkt bzw. diese Dienstleistung kaufen würden?

Du kannst Deinen eigenen Bewertungsbogen aufsetzen oder Du den von mir vorbereiteten herunterladen: www.pumpkin-plan.inspirited.de. Ich habe alle grundlegenden Eigenschaften aufgenommen und Platz gelassen, damit Du Deine eigenen hinzufügen kannst. Und so geht's:

1. Sortiere Deine Kunden nach Umsatz.
2. Streiche die Namen jener Kunden durch, vor denen Dir graut.
3. Richte eine Spalte für jede dieser Eigenschaften ein
    - *Zahlt schnell* – Zahlen sie pünktlich oder früher?
    - *Wiederholter Umsatz* – Nutzen sie Dein Angebot regelmäßig bzw. kaufen sie regelmäßig von Dir?
    - *Umsatzpotenzial* – Könnten sie mit Dir in Zukunft bedeutende Umsätze erzielen?
    - *Kommunikation* – Kommunizieren sie gut mit Dir?
    - *Fehlermanagement* – Sagen sie Dir, wenn Du einen Fehler machst, geben sie Dir die Chance, ihn zu beheben, und vergeben Dir dann?
4. Bewerte jeden Deiner Kunden in jeder Spalte. A = perfekt, B = fast perfekt, gibt aber gelegentlich Probleme, C = durchschnittlich, D = schlecht, kann die Erwartungen selten erfüllen, F = absolut daneben. Sei ehrlich – bewerte sie nicht besser, als sie es verdienen. Es geht hier um Deine Existenz, Mann, Deinen Traum. Mach Dir keine Gedanken um verletzte Gefühle. Du kannst diesen Bewertungsbogen unter Verschluss halten, wenn es sein muss, aber sei *ehrlich*.
5. Jetzt kannst Du weitere Spalten für die folgenden, weniger zentralen Eigenschaften einrichten:
    - *Chance* – Ergeben sich durch die Arbeit mit ihnen für Dich Chancen, die Du sonst nicht hättest, zum Beispiel Kontakte zu wichtigen Partnern?
    - *Empfehlungen* – Empfehlen sie Dich weiter und/oder sind sie bereit dazu?
    - *Geschichte* – Hast Du eine lange gemeinsame Geschichte der Zusammenarbeit mit diesem Kunden, sodass Du sicher bist, dass Du sein Verhalten in jeder Situation verstehst?
6. Richte weitere Spalten ein, für die weiteren Eigenschaften, die Du selbst definiert hast.
7. Schreibe nun „J“ (ja) oder „N“ (nein) in jede der Spalten mit nicht-existenziellen Fragestellungen. Nutze diese als Zünglein an

der Waage beim Identifizieren Deiner Top-Kunden. Wenn Du zum Beispiel zwei Kunden hast, die jeweils ein B bei den existenziellen Punkten aufweisen, dann vergleichst Du, wer über mehr Js als Ns in den nicht-existenziellen Spalten verfügt.

8. Füge drei weitere leere Spalten für Deine Unverbrüchlichen Gesetze hinzu (dazu kommen wir später).

Verkaufst Du Produkte an hunderte von Kunden, betrachte die obersten 5, 10 oder 20 Prozent Deiner Kundenliste (auf der Basis der Umsätze). Denk dran: Kunden sind in Wahrheit Klienten. Wenn Du Deine fünf besten Umsatzbringer nicht benennen kannst, notiere die Leute, die Du am häufigsten siehst. Wenn Du ihre Namen nicht kennst (und, hey, Du *musst* sie herausfinden), notiere Eigenschaften – die Dame mit den rosa Haaren, der Tattoo-Typ, die Fistelstimme – und dann schwörst Du, dass Du Dich bei der nächsten Gelegenheit vorstellst.

Einen Fehler, den viele Unternehmern bei der Bewertung ihrer Kunden machen, ist es, unterbewusst die Antworten auf die Schlüsselfragen so zu beantworten, dass ihre Lieblinge am besten davonkommen. Aus welchem Grund auch immer: Es könnte sein, dass Du einen Kunden halten möchtest, der eigentlich gehen sollte. Also siehst Du über das Negative hinweg und übertreibst beim Positiven. Vielleicht ist dies Dein erster Kunde oder ein Verwandter oder ein Unternehmen, mit dem Du gern in Verbindung gebracht werden möchtest. Weil Dein Herz Dir sagt, dass Du weiter mit diesen Kunden arbeiten möchtest, suchst Du nach Beweisen, die untermauern, dass sie Top-Kunden sind und Deine Zeit und Aufmerksamkeit verdienen. Um dies zu umgehen, solltest Du jemand Drittes auf Deinen Bewertungsbogen blicken lassen. Jemanden, der Dein Unternehmen und Deine Kunden kennt, aber Deinen geheimen Plan und Deine Vorurteile *nicht* teilt. Dieser Jemand sorgt dafür, dass Du die Bodenhaftung nicht verlierst.

Nun solltest Du ein deutliches Bild von den Kunden gewonnen haben, die großartig sind, und von jenen, die alles andere sind. Du solltest wissen, dass Deine Gruselkunden auf dem Absprung sind, aber auch, welche einigermaßen anständig erscheinenden Kunden nicht den Erwartungen entsprechen. Überrascht? Aufgeregt? Entspann Dich. Ich weiß, dass Du noch nicht so weit bist, Dich von ihnen zu trennen. Du dachtest, es liefe bei Dir insgesamt ganz gut, und möchtest sehen, wie Du das Ganze weiterbringen kannst. Ich verstehe das. Wir fangen ohnehin vor dem nächsten Kapitel noch nicht mit den Entlassungen an, jetzt kannst Du also einfach in Ruhe ausatmen und den Bewertungsbogen fertig ausfüllen.

Ich verstehe Dich

In „Not macht erfinderisch – der Klopapier-Unternehmer" habe ich über die Unverbrüchlichen Gesetzen geschrieben; jene Regeln, die nicht gebrochen werden dürfen, die das Rückgrat Deines Unternehmens ausmachen. So wie die Beweglichkeit Deines Körpers eingeschränkt ist, wenn Deine Wirbel schief stehen, so kannst Du kein gesundes Unternehmen aufbauen, wenn Du nicht mit Deinen Unverbrüchlichen Gesetzen in Einklang arbeitest.

Einige Menschen bezeichnen die Unverbrüchlichen Gesetze als zentrale Werte, aber das hört sich für meinen Geschmack zu „außerordentlich" an, zu dehnbar. Versteh mich nicht falsch: Werte sind wichtig. Aber wenn wir an Werte denken, dann haben wir einen spezifischen Gruppenkontext vor Augen, wie Amerikaner oder Katholiken oder Bayern-Fans (o.k., das letzte Beispiel ist vielleicht ein bisschen weit hergeholt ... was für Werte sollten Bayern-Fans schon haben? Ich mache Spaß. Bloß Spaß!) Unverbrüchliche Gesetze drehen sich um Dich, und zwar nur um Dich. Sie sind das, wonach *Du* lebst. Unsere Werte ändern sich mit der Zeit, aber wir basteln nicht an unseren Unverbrüchlichen Gesetzen herum. Sie sind in Stein gemeißelt. Sie sind die Essenz dessen, was Du bist. Und Dein Unternehmen *muss* sich danach richten.

Ich habe eine Reihe Unverbrüchlicher Gesetze, aber die beiden, an die die meisten Leute sich am besten erinnern können sind „Gib um zu geben" (also geben um des Gebens willen und arbeiten, weil Arbeiten Spaß macht) und „Arschlöcher verboten" (das Leben ist zu kurz für amoralische, arrogante Leute, die sich nur um Nummer 1 kümmern). Ich achte diese Gesetze um jeden Preis. Ich gebe mich nicht mit Leuten ab, die geben, um etwas zu bekommen, und ich mache keine Geschäfte mit Arschlöchern.

Kürzlich hatte ich eine Auseinandersetzung mit einem Arschloch. Einer Arschlöchin, um genau zu sein. Mein Radar für meine Unverbrüchlichen Gesetze sprang in dem Augenblick an, als ich hörte, wie sie einen ihrer eigenen Mitarbeiter wie Dreck behandelte. Sie stand für ein großes, laufendes Projekt, für mich stand sie jedoch für noch viel größere Kopfschmerzen. Ich beendete meine Arbeit mit ihr so schnell wie möglich und entfernte sie aus meinem Kürbisbeet. Ich war nicht überrascht, dass sie sich bei der Trennung anstellte. Die Moral der Geschichte: Wie Gewohnheiten sind auch Unverbrüchliche Gesetze unveränderlich – auch die schlechten. Menschen, die gern geben, geben immer. Positive Menschen sind immer positiv. Und Arschlöcher sind, naja, immer Arschlöcher.

Mein drittes Unverbrüchliches Gesetz lautet „Geldblut". Geld ist der Lebenssaft meines Unternehmens, also setze ich den Gewinn an erste Stelle und gebe nicht einen Cent aus, der nicht sein muss. Ich schreibe dies hier in einem Büro, das mit Möbeln ausgestattet ist, die fast nichts gekostet haben. Mein Whiteboard ist selbstgebastelt, die Schreibtische passen nicht zusammen und mein Konferenzraum sieht aus, als hätten wir seit 1979 keine neuen Möbel besorgt. Aber für mich ist das in Ordnung. Eigentlich ist das für mich sogar *mehr* als in Ordnung, denn so bin ich. Und für mich ist das deshalb in Ordnung, weil „Geldblut" eines meiner Unverbrüchlichen Gesetze ist. Ich verstecke das nicht. Ich tu nicht so, als hätte ich ein schöneres Büro als ich in Wirklichkeit habe. Ich bin stolz darauf, sparsamer Unternehmer zu sein, also ist es nicht mein Ding, teure Möbel zu kaufen. Es würde sich nicht richtig anfühlen. Es geht gegen meine unternehmerische Essenz. Aber ich bin nicht geizig – ich bin sparsam. Ich fahre keine Schrottkarre – mein Auto ist ein zertifizierter Gebrauchter (aus diesem Jahrhundert) wie auch mein restlicher Kram.

„Gib, um zu geben", „Arschlöcher verboten" und „Geldblut" beeinflussen jede Entscheidung, die ich treffe. Die Möbel, die ich kaufe. Die Mitarbeiter, die ich anheuere. Die Lieferanten, die ich nutze. Die Dinge an mir, die andere möglicherweise kauzig finden, sind die Essenz meines Unternehmens. Wenn ich mich in allen Bereichen meines Unternehmens an meinen Unverbrüchlichen Gesetzen orientiere, läuft alles ganz leicht. Meine Lieferanten wissen, wie sie uns unterstützen können, ich verstehe meine Mitarbeiter und sie verstehen mich. Und meine Kunden lieben meine Eigenheiten. Wir würden auf einer einsamen Insel ganz gut miteinander auskommen – Fische fangen und Musik mit den Dingen machen, die wir dort finden ... oder was auch immer Schiffbrüchige in ihrer Freizeit so unternehmen. Meine nicht so gut bewerteten Kunden – diejenigen, denen es lieber wäre, ich würde meine Unverbrüchlichen Gesetze brechen – jammern und beschweren sich darüber, schiffbrüchig zu sein, währen Navy Seal Tom (ja, ich habe ihm einen Namen gegeben) Bongos spielt, mir eine E-Gitarre aus einer Ananas bastelt und umwerfende Mojitos mixt – Party!

Das sind meine Unverbrüchlichen Gesetze. Du hast vielleicht andere Unverbrüchliche Gesetze, und falls nicht, dann solltest Du sie so schnell wie möglich ausfindig machen. Woher kennst Du Deine Unverbrüchlichen Gesetze? Am einfachsten ist es, auf Deine Gefühle zu hören, denn Deine Gefühle setzen Deine Unverbrüchlichen Gesetze durch. Du weißt, dass Du eines Deiner Unverbrüchlichen Gesetze verletzt hast, wenn Du etwas tust, und Dich dann dafür so stark in den Hintern trittst, dass Du einen blauen Fleck bekommst, der die Größe von Texas hat.

Deine besten Kunden haben die gleichen Unverbrüchlichen Gesetze wie Du

Die meisten Unternehmer vermuten, dass die Kunden, die ihnen den meisten Umsatz bringen, die besten sind. Das Problem ist, dass Umsatz allein nicht berücksichtigt, welche Kosten dem gegenüberstehen. Natürlich sind finanzielle Kosten wichtig, aber Du musst Dir auch über die emotionalen Kosten einer Geschäftsbeziehung im Klaren sein und, in manchen Fällen, sogar über die physischen Kosten. Am besten findest Du heraus, ob jemand die gleichen Unverbrüchlichen Gesetze hat wie Du.

Wenn ich zum Beispiel versuche, mit einem Unternehmen zusammenzuarbeiten, das dem Unverbrüchlichen Gesetz „Immer gut aussehen" folgt, dann arbeite ich möglicherweise mit ihnen auf eine Art und Weise zusammen, die sich nicht mit meinem Unverbrüchlichen Gesetz „Geldblut" verträgt. Klar, es macht mir vielleicht Spaß, in ihrem supertrendigen Büro zu sitzen und Videospiele auf ihrem gigantischen Flatscreen zu spielen, aber geschäftlich würden wir nicht gut zusammenpassen. Meine natürliche Neigung würde dazu führen, eine „handwerkliche" Lösung anzubieten: langfristig, stark und kosteneffektiv. Und sie würden vermutlich die Hochglanz-Nummer verlangen oder die teure haben wollen, weil sie „immer gut aussehen" wollen. Das soll nicht heißen, dass sie böse Menschen sind oder etwas falsch machen. Es heißt jedoch, dass wir nicht zusammenpassen.

Wenn ich meine Regeln breche, dann muss ich für den Rest unserer Beziehung so tun, als wäre ich etwas, was ich nicht bin, und das ist unmöglich. Wir kommen eines Tages an einen Knackpunkt oder ich vermassle etwas (unabsichtlich), weil wir nicht zusammenpassen. Ich missverstehe ihre Vorgaben oder ich bin unzufrieden mit ihnen, sodass die Arbeit und die Beziehung darunter leiden. Das ist unvermeidlich. Es ist so, wie wenn Du mit einer Frau ausgehst und vorgibst, dass Du die gleichen Bücher liebst wie sie. Sie wird Dir nicht bloß irgendwann auf die Schliche kommen, Du wirst auch eines Tages in hohem Bogen rausfliegen –das ist nicht das, was Du Dir vorgestellt hattest.

Verstehst Du, wie Deine Unverbrüchlichen Gesetze sich in Erwartungen ausdrücken? Wenn Deine Unverbrüchlichen Gesetze nicht zu denen Deiner Kunden passen, werden Erwartungen nicht erfüllt. Ihre nicht. Deine nicht. Verwirrung setzt ein, und das Ganze wird sehr kostspielig. Die Menschen sind frustriert, dann wütend, und die Situation wird am Ende zu einer spaßtötenden Angelegenheit, die Dich nachts wachhält, noch lange nach den späten Spätnachrichten.

Es ist ganz einfach: Wenn Du Entscheidungen triffst, die sich nicht mit Deinen Unverbrüchlichen Gesetzen decken, verlierst Du Geld. Viel Geld. Und wenn Du Deine Unverbrüchlichen Gesetze nicht kennst, dann kann ich Dir versprechen, dass Du in diesem Moment Geld verlierst. In diesem Augenblick. Und noch ein bisschen und ... warte, ... warte ..., ein weiterer Euro ist den Abfluss runter.

Unverbrüchliche Gesetze sind notwendig, um Deine Kunden auszuwählen. Jetzt, da Du die Deinen kennst, solltest Du mindestens drei davon in Deinen Bewertungsbogen aufnehmen. Dann schau nach Mustern im Kundenverhalten, um zu sehen, ob sie nach den gleichen Gesetzen leben. Für mich ist es einfach festzustellen, ob jemand sich nach der Regel „Arschlöcher verboten" richtet, denn wenn er nicht tut, dann ist sein Verhalten meist ziemlich arschig. Ziemlich einfach.

Wenn Dein Kunde so ist wie Du, dann ist er von allem begeistert, was Du tust. Aber die Kunden müssen nicht Dein genaues Spiegelbild sein. Ich meine, könntest Du Dir vorstellen, Dich selbst zu heiraten? Irgendwie langweilig. Und der Sex? Das ist bizarr. Du und Dein Kunde, Ihr müsst einander lediglich so nah sein, dass der eine die Sätze des andern beenden kann. Deine Top-Kunden sind diejenigen, die mit Blick auf die Unverbrüchlichen Gesetze die meisten Übereinstimmung aufweisen. Und weißt Du, was sie später für Dich tun werden? Sie werden Dich ihrem Zwilling vorstellen. Wenn Du Dich mit Menschen umgibst, die Dich verstehen, dann werden sie Dir *mehr* Leute schicken, die Dich verstehen. Und alsbald werden die gammeligen, ausnutzenden Menschen vom Stamme Nimm nicht einmal Deinen Eingang zieren.

Diejenigen, die sich am meisten mit Deinen Unverbrüchlichen Gesetzen im Widerspruch befinden, sollten als erstes aussortiert werden. Diese madigen Kürbisse werden Dein Unternehmenswachstum verlangsamen, weil Du die Art und Weise, wie Du die Dinge tun möchtest, immer anpassen musst, um sie daran zu hindern, dass sie woanders hingehen. Und wenn Du von dem abweichst, was Dich wirklich ausmacht, und ein Kunstprodukt dessen wirst, von dem Du *glaubst*, das die Leute es haben wollen, dann wirst Du ein kümmerliches, ausgelaugtes und ausgepowertes Wrack. Und ich glaube, Du weißt bereits, wovon ich rede.

Das ist der Punkt: Du möchtest, dass die Leute Dich mögen. Ich verstehe das. Es ist menschlich, zu wollen, dass andere einen mögen. Aber was Du eigentlich willst: Du möchtest, dass Leute *wie Du* Dich mögen. Darum solltest Du Dich bemühen. Denn wie der großartige verstorbene George Carlin einmal sagte: „Jeder, der langsamer fährt als Du, ist ein Idiot. Und jeder, der schneller fährt ist ein Wahnsinniger." Also konzentriere Dich darauf, mit den Leuten Beziehungen aufzubauen, die genau Dein Tempo fahren.

Für viele Unternehmer ist das eigentliche Ziel der freie Selbstausdruck. Du sagst Dir: „Eines Tages, wenn ich so und so viel Geld habe, dann mache ich, was ich möchte." Du wirst in der Lage sein, nicht mehr mit Idioten zusammenzuarbeiten und kannst Dinge so umsetzen, wie *Du* es möchtest. Du wirst wählerisch damit sein, welche Projekte Du annehmen und mit welchen Leuten Du kooperieren willst. Du wirst Respekt verlangen und Arbeit ablehnen, wenn der Respekt fehlt.

Naja, eines Tages ist niemals, wenn Du nicht Deinen Unverbrüchlichen Gesetzen folgst.

Deine Unverbrüchlichen Gesetze sind das solide, gesunde Wurzelsystem, das wieder und wieder Deinen gigantischen Monsterkürbis hervorbringen kann. Wage es, genau der zu sein, der Du bist. Lass Dein Unternehmen als Verstärkung Deines authentischen Selbst wirken und schau, wie es in großen Sprüngen wächst.

Jede Menge Kunden

Auf die Gefahr hin, Dich total zu verwirren, möchte ich noch betonen, dass es sehr, sehr gut ist, viele Kunden zu haben. „Besser ist besser" bedeutet nicht, dass Du die Zahl Deiner potenziellen Kunden begrenzen musst und dass Du Dich nicht darum bemühen solltest, mehr Kunden zu bekommen. „Besser ist besser" bedeutet, wählerisch zu sein. Entscheide Dich dafür, mit Deinen Top-Kunden zu arbeiten, und dann ziehst Du los und suchst mehr Kunden, die so sind. Ich nehme an, ich könnte sagen: „Mehr besser ist mehr besser."

Das sind gute Nachrichten, denn Du wirst die Frage nach der einsamen Insel morgen anders beantworten und auch kommende Woche und die Woche drauf. Eines Tages wirst Du sagen: „Ich liebe Maggie. Ich nehme Maggie. Sie schickt mir immer Kunden ... und Kuchen. Vielleicht könnte sie auf der Insel etwas Leckeres zubereiten. Vielleicht nicht gerade Kuchen, aber, wie auch immer. Ja, ich nehme Maggie."

Nächste Woche überlegst Du dann, dass Du lieber Barry mitnimmst. „Er ist total nett und arbeitet super viel mit mir zusammen. Er ist ein echter nerdiger Computer-Freak, das spricht für ihn, also könnte er vermutlich, ich weiß nicht, eine Rakete oder einen Rasenmäher oder was zusammenbauen. Klar, wer braucht einen Rasenmäher auf einer einsamen Insel? Aber, egal, er ist bestimmt total nützlich. Ok, ich nehme Barry."

Am nächsten Tag, als Navy Seal Tom vorbeischaut, um Hallo zu sagen (ja, Du kannst Tom mitnehmen ... Du weißt, dass Du ihn mitnehmen willst), denkst Du: „Tom ist einfach der allerbeste Typ! Ich *muss* Tom mitnehmen. Wie könnte ich ihn nicht mitnehmen? Diese Ananas-E-Gitarre, die er für Michalowicz gebaut hat? Er ist ein Multitalent!"

Wenn Du immer noch darum ringst, Dich auf einen Kunden zu beschränken, nimm drei oder fünf. Veranstalte eine Party auf der Insel. Kundenbeziehungen sind ein bisschen wie Ehen. Selbst in einer funktionierenden Ehe denkst Du nicht jeden Tag, Dein Gatte oder Deine Gattin seien perfekt – aber Du liebst ihn oder sie dennoch. Das Schöne am Unternehmertum ist, dass Du endlich Deine Fantasien ausleben darfst und mehrere Leute heiraten kannst ... und der Staatsschutz wird Eure Kommune nicht niederbrennen.

Vielleicht brauchst Du sogar jede Menge Kunden. Vielleicht verkaufst Du ein nicht so teures Produkt und bist auf ganz viele Kunden angewiesen, damit das funktioniert. Vielleicht nutzen die meisten Leute Dein Produkt oder Deine Dienstleistung nur einmal in ihrem Leben. Vielleicht hast Du keine Klienten, sondern Armeen von Kunden, die Du, dank der modernen Technik, noch nie gesehen hast. Gibt es für Dich dann eine besondere Regel? Nein, eher nicht. Wenn Du den Wahnsinn stoppen möchtest (und den Geruch nach Verzweiflung), dann musst auch Du herausfinden, wer Deine Top-Kunden sind und Dich *ausschließlich* auf sie konzentrieren.

Was machst Du also, wenn Du Tausende oder noch mehr Kunden benötigst (oder hast ... Glückwunsch)? Das ist einfach. Konzentriere Dich auf Kundentypen anstatt auf die einzelnen echten Kunden und bewerte sie, als seien sie ein spezifischer Kunde. Selbst wenn Du am Anfang nur zwei Gruppen hast und eine entfernst, nachdem Du Deine Ranke begutachtet hast, wird die grundsolide Gruppe, die Du behältst, Dich zum Ursprung aller Riesenkürbisse bringen.

David Hauser hat so was. Sein Unternehmen, Grasshopper, ist eine von zwei führenden, wenn nicht der führende Anbieter von virtuellen Telefonanlagen. Damit brauchen Unternehmer keine Rezeption und keine teure Inhouse-Anlage. Ich rief ihn an, um ihn zu fragen, wie man herausfindet, wer die eigenen besten Kunden sind. Als sie Grasshopper gründeten, er und sein Partner Siamak Taghaddos, fischten sie zunächst mit einem sehr großen Netz und zielten sowohl auf kleine Selbstständige als auch auf größere Unternehmen.

„Es ist ein kleiner Unterschied, aber es ging eigentlich mehr um die Selbsteinschätzung als um den Unternehmenstypus", erläuterte er. Grasshopper konnte gute Zahlen vorweisen, aber sie wollten *großartige* Zahlen, also schauten sie sich ihre Kundenliste an. Sie fanden heraus, dass diejenigen, die sich selbst als Unternehmer sahen, länger bei ihnen blieben, als diejenigen, die sich als Selbstständige verstanden. Und es war preiswerter, den Unternehmern technischen Support zu bieten, da sie mehr Ahnung von Technologie zu haben schienen.

„Wir versuchten uns dann mit unserer Werbung mehr auf Unternehmer zu konzentrieren. Das schien sinnvoll, denn das waren die Leute, die wir am besten kannten", sagte David und erläuterte, wie sie ihre Kundenbasis verkleinerten. David und sein Team hatten selbst schon unterschiedliche Unternehmen, sodass es für sie einfach war, andere Unternehmer anzusprechen – sie fokussierten sich im Grunde sich selbst.

Moment. Hast Du das mitbekommen? Sie fokussierten sich im Grunde *auf sich selbst*. Wenn Du mit Kunden arbeitest, die Dein Spiegelbild sind (oder nah dran), dann ist Marketing ein Spaziergang. „Wir machten später A/B-Split-Tests, die zeigten, dass das Marketing für Unternehmen bessere Umsätze brachte (als das Marketing mit Blick auf Selbstständige). Und je stärker wir unsere Ansprache an Unternehmer richteten, desto besser wurden unsere Umsätze."

Und so kam Grasshopper an mehr Kunden von der Sorte, die sie sich wirklich wünschten – das Unternehmen wuchs rasch mit mehreren Standorten – und weniger Tante Emma-Läden, die viel mehr an die Hand genommen werden mussten. Ironischerweise (oder vielleicht auch gar nicht) behielten sie weiterhin Dutzende Kunden, die sich selbst als Selbstständige bezeichneten und die mit einem Unternehmen zusammenarbeiten wollten, das ein Unternehmerimage hatte. „Die Idee, Unternehmer zu sein, inspirierte sie mehr als das Selbstständigen-Dasein", erklärte David.

Ich fragte David, wie diese Veränderung in Fokus und Kommunikation dem Unternehmen in anderer Hinsicht geholfen habe. „Die Arbeiten, die wir für unsere Kunden erledigten, die Funktionen und Features, mit denen wir unseren Service erweiterten, all das war für eine weit enger gefasste Gruppe von Menschen. Wir waren dadurch in der Lage, unser Angebot dessen, was diese Gruppe wollte, zu verbessern. Und wir verschwendeten keine Zeit damit, Dinge anzubieten, auf die sie keinen Wert legten."

David erzählte mir dann, die Spracherkennungs-Geschichte, die ein großartiges Beispiel dafür ist, wie die Konzentration auf die Top-Kunden oder die wichtigsten Eigenschaften einer spezifischen Gruppe Dir helfen kann, richtig loszulegen, wenn Du Dich dazu entscheidest zu wachsen und ein neues Produkt einführen möchtest. „Wir wollten Spracherkennungs-Transkription für Anrufbeantworter. Andere Anbieter sagten, die Transkription solle perfekt sein. Aber darauf legen Unternehmer keinen Wert. Sie brauchen keine Perfektion; sie wollen einfach nur verstehen, worum es geht." Weil sie sich ausschließlich auf Unternehmer konzentrieren, war Grasshopper in der Lage, 100% automatisierte Transkription und das Spracherkennungs-Tool zu einem Bruchteil der Kosten anzubieten. Und ihre besten Kunden waren *begeistert*! Andere – eher nicht.

Obwohl sie einige ihrer alten Kunden abgegeben hatten, konnte Grasshopper seit ihrer Gründung 2003 über 100.000 Unternehmern unterstützen. Nicht schlecht. Gar nicht schlecht.

Kein Beliebtheitswettbewerb

Es ist durchaus möglich, dass Du mir noch immer nicht glaubst. Du könntest denken, „O.k., wenn ich eine Handvoll wirklich übler Kunden feuere, aber ich kann nicht alle Kunden entlassen, die bei meiner Bewertung nicht gut abschneiden."

Äh … doch. Kannst Du. Und Du musst.

Vielleicht nicht heute oder morgen, aber bald. Jedes Mal, wenn Du ausmistest, schaffst Du Platz für neue, bessere Kunden.

Manchmal musst Du einen Schritt zurückgehen, um zwei Schritte voranzukommen. Ich war kürzlich in Las Vegas um die Keynote der Public Relations Society of America zu halten. Eine Frau namens Abbie stellte sich mir nach meinem Vortrag vor und begann, mir ihren Frust zu schildern. So wie Bruce, Eric, ich und Du (jap, ich meine Dich) fühlte sich Abbie gefangen, müde und ausgelaugt. Sie sagte, „Ich musst einen Kunden ablehnen, der mir 15.000 US-Dollar pro Monat gebracht hätte, weil ich in den Aufträgen ertrinke, die mir 2.000 US-Dollar im Monat bringen." Ich sagte nichts, ich starrte sie bloß an. Sie schaute verwirrt und sagte: „Was denkst Du?" Ich starrte. Sie sah immer noch verwirrt aus (und vielleicht etwas angefressen) und meinte: „Ich kann keinen Kunden annehmen, der 15.000 US-Dollar bringt." Wieder sagte ich nichts und starrte bloß. Dann sah ich bei ihr das Licht aufgehen und sie sagte: „Ich verstehe" und ging.

Du und ich, wir müssen nicht unangenehm angestarrt werden, lass mich das klar sagen. Du musst nicht *jeden* entlassen, der es nicht an die Spitze Deiner Bewertungen schafft. Du musst bloß die entlassen, die sich ganz unten auf Deiner Skala befinden. Die, die es Dir so richtig, richtig schwermachen, Deine 15.000-US-Dollar-Kunden anzunehmen (oder entsprechende Kunden). Die Kunden, die in der Mitte stehen und respektable, durchschnittliche Bewertungen erzielen, dürfen ruhig bleiben. Sie bekommen im Moment nur nicht Deine ungeteilte Aufmerksamkeit. Wenn Du den Plan abarbeitest, kann es sein, dass Du überrascht bist, wer auf die Veränderungen in Deinem Unternehmen reagiert und aufsteigt, um zu einem Top-Kunden zu werden.

Business ist kein Beliebtheitswettbewerb. Mach Dir keine Gedanken darum, die *meisten* Kunden zu generieren. Bau ein Unternehmen auf, das sich um die *besten* Kunden kümmert, ... um die Kunden, die am besten zu *Dir* passen. Du brauchst nicht die Ballkönigin zu sein; Du brauchst eine Kerngruppe standhafter, großartiger Freunde, die alles für Dich tun würden – und Du alles für sie. Sei konsistent in dem, was Du bist und gehe keine Kompromisse ein. Wenn alles zu Deinen grundlegenden Charakteristika passt und zu Deinen Unverbrüchlichen Gesetzen – inklusive Deiner Kundenbasis –, dann kommen neue, ähnlich denkende, *großartige* Kunden von allein zu Dir. Sie werden von Dir hören, über Dich lesen, über Dich stolpern und sagen: „Oh, den mag ich. Die finde ich toll! Den kenne ich; die kenne ich!"

Nicht mehr ist besser. *Besser* ist besser.

Der Arbeitsplan

30 Minuten (oder weniger) Action

1. Erlasse Deine Unverbrüchlichen Gesetze. Solltest Du Deine Unverbrüchlichen Gesetze noch nicht definiert und erlassen haben, tu's jetzt. Wofür stehst Du? Wo ist Deine rote Linie? Was muss unbedingt gegeben sein, damit Du mit jemandem arbeiten möchtest? Verfeinere das Ganze, bis Du auf drei, vier Unverbrüchliche Gesetze kommst. Schreibe sie auf, poste sie überall (auch auf Deiner Internetseite), erzähl jedem davon. Schau auf www.pumpkinplan.com/resources nach Inspiration (auf Englisch).

2. Fülle den Bewertungsbogen vollständig aus. Ich weiß, dass Du den Bewertungsbogen nicht bearbeiten konntest, während Du das Kapitel gelesen hast – also tu's jetzt. Du kannst Deinen eigenen Plan erstellen oder auf auf www.pumpkin-plan.inspirited.de eine Vorlage herunterladen, die Du einfach ausfüllen kannst. Abhängig davon, wie viele Kunden Du wirklich hast, dauert es vielleicht länger als 30 Minuten – aber erledige es trotzdem jetzt. Dein Erfolg hängt davon ab. Der Pumpkin Plan ist nicht bloß eine Theorie – er funktioniert wirklich. Also, mach fertig und dann geht's weiter.

Der Pumpkin Plan in Deiner Branche – Finanzen

Angenommen, Du bist unabhängiger Finanzberater und kämpfst den ehrenvollen Kampf, den Menschen die Wahrheit über ihre Rente, Versicherungen und den ganzen attraktiven Kram zu erzählen. Pack Deinen Taschenrechner aus, spitz Deinen Bleistift und setz Deine Gleitsichtbrille auf – wir machen uns jetzt daran, den Pumpkin Plan in Deiner Branche einzuführen.

Du hast ein kleines Büro – nur Du und Elaine, Deine Verwaltungsassistentin, in vier Räumen (plus Toilette) in einem bescheidenen Gewerbepark am Stadtrand. Du hast ein nettes Wartezimmer und einen Konferenzraum – aber Du nutzt beides nur selten. Du hast eine Handvoll Kunden, aber es reicht kaum zum Überleben. Die Zeiten sind schlecht, und die meisten Leute sind damit beschäftigt, irgendwie über Wasser zu bleiben. Die meisten *denken* nicht einmal an Finanzplanung, und die, die darüber nachdenken, gehen direkt zu Deinem größten Konkurrenten (größeres Büro, hübscheres Logo, mehr Marketing).

Also packst Du Deinen Bewertungsbogen aus und fängst an, Deine Top-Kunden abzutelefonieren. Du fragst: „Könnte ich vorbeikommen und mit Dir sprechen? Ich möchte herausfinden, wie ich Dich besser unterstützen kann. Das ist kein Verkaufsgespräch; ich möchte einfach nur erfahren, wie Du über meine Branche als Ganzes denkst." Fast jeder sagt zu, und Du organisierst eine Reihe von Interviews mit Deinen besten Kunden – bei ihnen zuhause, in ihren Büros, im Café – wo auch immer sie sich mit Dir treffen mögen. Du machst das, weil, naja, Du hast das schon immer so gemacht. Du bist wie der Landarzt der Finanzbranche – Du besuchst Deine Kunden zuhause. Das ist nicht völlig ungewöhnlich; Versicherungsagenten machen das auch immer. Aber Du triffst sie sogar bei den Fußballspielen ihrer Kinder, in Hotelzimmern (frag nicht), in der Eckkneipe.

Es zeigt sich, dass Deine Kunden genau das am meisten an Dir lieben: dass Du bereit bist, sie auf ihrem Territorium zu treffen, wann und wo auch immer; dass Du so flexibel und entgegenkommend bist und deshalb weniger angsteinflößend. Und das ist es, was auch Du am meisten an Deinem Job magst. Du arbeitest gern mit Menschen in ihrer eigenen Umgebung, schaust in ihre Küchen, triffst sie im Fitnessstudio, in ihren Pausenräumen auf der Arbeit. Sie finden es toll, dass Du sie so gut kennst und dass Du Dir nicht nur die Namen ihrer Kinder und deren Geburtstage merkst, sondern dass Du auch weißt, wie viele Raten sie noch für ihren neuen Volvo zahlen müssen und wie viel sie für die Pflegekraft zahlen, die sich um ihre Mutter kümmert. Du bist superflexibel – so findest Du heraus, wer sie wirklich sind und was sie wirklich brauchen.

Im Verlaufe der Interviews stellst Du fest, dass sich mindestens die Hälfte der Kunden mehr Beratung von Dir dazu wünscht, wie sie mit Schulden umgehen und mit den Schattenseiten des Lebens zurechtkommen können. Einige von ihnen beschweren sich darüber, dass Finanzberater immer von der Zukunft sprechen, wenn die Kunden selbst nicht wissen, wie sie die Darlehensrate für diesen Monat decken sollen. Die Zukunft ist zu abstrakt, und sie wollen nicht darüber nachdenken, wie sie in zwei Dimensionen zugleich versagen – jetzt und in der Zukunft.

Also kommst Du auf diese Idee. Was, wenn Du Deine besten Eigenschaften mit den Dingen kombinierst, die Deine Kunden am liebsten wollen und Du Dich dadurch völlig von Deiner Konkurrenz unterscheidest? Was, wenn Du diese verrückte Sache anbietest, die wirklich zu Dir passt? Was, wenn Du ein finanzieller Lebensretter wirst? So eine Art

Superheld, nur dass Du keinen Stahl verbiegst oder kraft Deiner Gedanken Feuer entfachst. Doch Du kommst zur Tür Deiner Kunden mit einer mordsmäßigen Strategie, die Deinen Kunden hilft, sich selbst aus jedweder Krise zu manövrieren, wegen der sie Dich gerufen haben. Du flößt den Menschen wieder Leben ein (auch bekannt unter dem Namen „finanzielle Freiheit“).

Nachdem Du Deine Idee verfeinert und sie Elaine und Deinen Top-Kunden vorgestellt hast, entschließt Du Dich, damit Ernst zu machen. Du kaufst einen Van, lässt Dein neues Logo darauf anbringen und gibst Dein Büro auf. (Elaine kann von zuhause aus arbeiten, was sie ohnehin wirklich wollte.) Jetzt hast Du schon Tausende an Büromiete, Nebenkosten, Versicherungen und Parkplatzmieten gespart.

Du fängst an, kostenlose Artikel und Kolumnen für die Lokalzeitung zu schreiben, für Newsletter und Internetseiten, die darauf ausgerichtet sind, Leuten zu helfen, sich von Schulden zu befreien oder mit Insolvenz und anderen finanziellen Krisen umzugehen. Du organisierst einen „Tag der finanziellen Lebensrettung“ mit Deiner Gemeinde (oder mit Deinem Rathaus oder Deiner Bibliothek), der alle zwei Monate stattfindet, wobei Du den ganzen Tag kostenlose Beratung anbietest. Du schaltest ein paar Anzeigen – nichts Großes, aber immer mit einem Bild von Deinem Van und Deinem Motto: „Wir bringen finanzielle Stabilität für heute und finanzielle Freiheit für morgen!“

Vorher nannten die Leute Dich bloß den „Finanzplaner-Typen“, wie all Deine Konkurrenten. Jetzt bist Du als der „finanzielle Lebensretter“ bekannt und Dein Telefon klingelt durch. Du bist so gut darin, Einsparungen für Deine Kunden zu finden, dass Du lediglich einen Anteil der Ersparnisse Deines „Lebensrettungsdienstes“ berechnest – was bedeutet, dass die Kunden ab dem Tag Geld sparen, ab dem sie mit Dir zusammenarbeiten. Sie zahlen nicht einen Cent aus der eigenen Tasche obendrauf. Eine Win-win-Situation.

Die Kunden sind begeistert von Deinem Service, weil Du a) zu ihnen kommst, wann immer sie wollen und wo auch immer sie sind, und Du b) großartige Ideen hast, die ihnen wirklich helfen. Anstatt jetzt zu versuchen, Kunden zu halten, die im Verlauf von einigen Jahren ein oder zwei Dienstleistungen von Dir kaufen, hast Du jetzt ganz viele Kunden, die Deinen Rettungsdienst einmal nutzen und dann all Deine Finanzangebote für den Rest ihres Lebens einsetzen.

Du nimmst Dir die Zeit, Deine Prozesse genau zu analysieren, und verfasst eine Anleitung von einer Seite. Du rekrutierst weitere Finanzplaner mit viel Energie und Leidenschaft und schickst sie in ihren Vans in die Welt, um weitere Kunden zu retten. Und eh Du Dich versiehst, hast Du ein Franchise-Unternehmen aufgebaut.

Wer hätte gedacht, dass es sich so lohnt, Du zu sein? Und jetzt ist dank des zusätzlichen Einkommens die Gleitsichtbrille weg (danke, Augenlaser-Behandlung). Und der Bleistift? Der bleibt. Niemand wir Dir jemals diesen hübschen Bleistift wegnehmen. Nicht einmal Berge von Geld.

Kapitel 5: Wie das auf dem Bauernhof läuft

Vielleicht habe ich Dich gezwungen, Dich mit ein paar harten Fakten auseinanderzusetzen, und vielleicht fühlst Du Dich etwas angespannt. Mach Dich locker! Jetzt ist es an der Zeit, den Plan umzusetzen.

Jetzt greifen wir die Impulse von Chuck Radcliffe und den anderen Riesenkürbisbauern auf, die dem „Aussortieren/Pflegen“-Prozess folgen und so einen Sieger-Kürbis nach dem anderen produzieren. Mithilfe dieses Systems habe ich meine eigenen Unternehmen mit mehreren Millionen Umsatz aufgebaut. Und wenn Du sonst gar nichts tust, dies ist der Prozess, der Dir hilft, Dein Unternehmen wachsen zu lassen und wieder ins Leben zurückzukommen. (Natürlich musst Du dem *kompletten* Pumpkin Plan folgen, wenn Du Dein Unternehmen in das Kraftwerk verwandeln möchtest, von dem Du immer geträumt hast. Doch dies ist ein wirklich *richtig* guter Start.)

Erst aussortieren, dann pflegen

Die wenig aussichtsreichen Kürbisse von der Pflanze zu entfernen, gehört zu Chuck Radcliffes Standardvorgehen. Wie auch zu dem von Howard Dill und all den anderen Kürbisbauern. Es gibt hier keine Gnade, kein „Oh, Mann, dieser Kürbis wird eines Tages vielleicht richtig groß.“. Es gibt kein „Oh, Mann, das ist aber ein hübscher Kürbis: Mit dem sieht mein Garten viel beeindruckender aus.“. Und niemand sagt: „Wen kümmert es, ob er da bleibt oder nicht? Der vergammelt letztlich ohnehin. Der stört doch nicht.“ Sie sortieren ihn aus ... ganz schnell.

Bauern wissen, welche Kürbisse sie von der Pflanze nehmen müssen. Das wissen sie, weil sie erkennen, welche Kürbisse schneller wachsen, welche Kürbisse beschädigt sind oder eine Katsche haben und welche Kürbisse mit einem kräftigeren Wurzelsystem ausgestattet sind. Wenn Du im vorherigen Kapitel Deinen individuellen Bewertungsbogen entwickelt hast, dann weißt Du bereits, welche Pflanzen (Kunden) das größte Potenzial haben und welche das geringste. Jetzt ist es Zeit zum Aussortieren.

Es mag sein, dass Du versucht bist, sofort in die Hege und Pflege überzugehen. Du denkst vielleicht: „Ich kann es mir nicht leisten, auch nur einen einzigen Kunden zu verlieren, also kümmere ich mich einfach um die erstarkenden Bindungen zu meinen Top-Kunden. Außerdem habe ich „Kinder des Zorns" gesehen. Bauern sind total bekloppt! Die bringen alles um. Mich nicht, Malachi. Mich nicht."

Trööööööt! (Das ist das Geräusch meines nervigen Gameshow-Buzzer-Dings.) So lange Du diese vergammelnden Kürbisse an Deiner Pflanze belässt, kannst Du die Dinge nicht tun, die Du tun musst, um diese guten Beziehungen auszubauen, weil Du schon jetzt zu viel zu tun hast. Und selbst wenn Du nicht das Fünf-bis-neun-Uhr-Unternehmerspiel spielst, kannst Du Dich nicht dauernd um jeden intensiv kümmern. Das ist schlicht unmöglich. Du brauchst Zeit und Energie, um wirklich in die Tiefe zu gehen, und Du kannst das nicht tun, wenn Du nicht erst aussortierst.

Letztes Jahr erwähnte meine Freundin Sarah Shaw (für mich ist sie wie eine Schwester. *So* nah stehen wir uns. Wir haben *so viele* Unverbrüchliche Gesetze gemeinsam.), dass ihr Bruder John den *Klopapier-Unternehmer* während seiner ruhigen Zeit gelesen hatte (Großer Schock – ich mochte den Typen sofort). Er hatte damit begonnen, einige der Schlüsselstrategien zu implementieren, und zwar mit großem Erfolg. „Ruhige Zeit?", fragte ich. „Was macht denn Dein Bruder?"

„Er installiert Sonnenkollektoren. Sein Umsatz hat sich im vergangenen Jahr verdoppelt", sagte Sarah. Verdoppelt? Den musste ich anrufen.

Also rief ich John Shaw an, in seinem in Colorado ansässigen Unternehmen Shaw Solar (genialer Name, John) und ließ mich über die Rahmendaten seines Unternehmens informieren.

Shaw Solar ist mittlerweile der Hauptanbieter von Solarmodulen für Wohnhäuser und kleine Geschäftshäuser wie Restaurants und Fitnessstudios. Die Nummer 1 einer Branche oder Region zu sein, ist natürlich beeindruckend, aber Johns Erfolg ist eine wahrlich großartige Leistung. „Ich wohne in einer Kleinstadt mit etwa 18.000 Einwohnern in einem County mit etwa 45.000. Das ist ein kleiner Markt und es gibt hier 30 Unternehmen in der Solar-Branche. Im Branchenverzeichnis sind allen Ernstes auf fünf Seiten Solarunternehmen aufgeführt. Von diesen 30 leben vier davon, Sonnenkollektoren zu installieren, und zwei von uns leben richtig gut davon."

Hört sich wie zwei großartig gewachsene Kürbisse an, finde ich. Und unauffällige auf dem übrigen Feld.

Die Solarbranche ist eine Wachstumsindustrie, und John hat in einem total gesättigten (manche sagten vielleicht sogar übersättigten) Markt mehr Erfolg als der nationale Durchschnitt. Wie also hat John seinen ur-eigenen riesigen (Solar-)Kürbis gezogen? Ganz einfach. Er hat jene Kunden aussortiert, die nichts taugten, und dann geniale Wege gefunden, sich um jene zu kümmern, die etwas taugten.

„Mir wurde klar, dass ich mich selbst in bestimmten Bereichen total verzettelte", erklärte John. „Ich erinnerte mich daran, dass Du sagtest, man könne nur in einem Bereich so richtig gut sein, vielleicht in zwei, wenn man Glück hat. Und dass man die wie wild nutzen und den Rest auslagern solle. Das andere, was mich richtig berührte, war, dass ich keine Angst davor haben sollte, zu jenen Dingen Nein zu sagen, die man nicht kann oder die nicht gut zu einem passen. Denn in dem Moment, wo man Nein sagt, wird man zu einer heißbegehrten Ware." Und das stimmt. Erinnere Dich einfach an das letzte Mal, als Du Single warst: Es war nie ein Problem, ein Date zu bekommen, wenn Du bereits vergeben warst, richtig? So ähnlich funktioniert das.

John war schon seit geraumer Zeit bereit gewesen, Dinge zu verändern. Er war am Limit. „Ich hätte keine zusätzliche Minute mehr arbeiten können. Ich verließ das Haus morgens um 4.30 Uhr und kam nach 19.00 Uhr nach Hause. Meine Frau und meine Tochter waren wie Fremde für mich. Ich war wirklich am Limit und fragte mich, wie ich weniger arbeiten und mein Unternehmen dennoch wachsen lassen könne. Als ich Dein Buch las, gab mir das das Selbstvertrauen, die harte Entscheidung zu treffen, vor der ich Angst gehabt hatte." (An diesem Punkt hatte ich mich endgültig in John verliebt.)

Also, dies habe ich über die Installation von Solaranlagen gelernt: John sagt, dass es relativ einfach ist, Sonnenkollektoren für die Stromerzeugung zu installieren. John muss nicht viel Zeit reinstecken, um seine Leute dabei zu beaufsichtigen und alles läuft recht zügig. Die entsprechende Warmwasseraufbereitung zu installieren, ist jedoch komplizierter. Es gibt massig bewegliche Teile – die teurer sind als die Teile, die man braucht, um die Solarstrom-Anlage zu installieren. „Die meisten Leute kriegen das nicht hin", erklärte John. „Wir schon, aber ich muss mehr oder weniger die ganze Zeit vor Ort sein. Dies ist also teurer mit Blick auf Materialkosten und Zeit."

Obwohl John wusste, dass der Einbau der solarbetriebenen Warmwasserbereitung 50% seiner Zeit forderte, aber lediglich 10% der Einnahmen generierte, und obwohl er wusste, dass er mindestens das Doppelte generieren könnte, wenn er nur Solarstrom installieren würde, konnte er sich noch nicht von der Wasseraufbereitung trennen. Er hatte Shaw Solar als Komplett-Anbieter für Sonnenenergie vermarktet und hatte Angst, dass er das ganze Business verlieren würde, wenn er den Einbau von Wasseraufbereitungsanlagen ablehnen würde. Er fürchtete, er würde an Konkurrenten verlieren, die beides anbieten. „Dann aber dachte ich, ‚Komplett-Anbieter für Sonnenenergie' ist ja bloß deshalb mein Ding, weil ich es aufgeschrieben habe. Warum sollte ich das machen müssen? Ich entschied mich dazu, alles abzulehnen außer den besten Solar-Warmwasser-Jobs mit der größten Außenwirkung für mich." John nahm sich die „Sag-Nein"-Lektion sehr zu Herzen, und nahezu über Nacht war er heiß begehrt.

Der Schlüssel hierfür: John begann, die Warmwasser-Kunden auszusortieren, indem er den angebotenen *Service* reduzierte. Es war nicht so, dass er den Kunden nahelegte, sich zu verabschieden – Johns Kunden kommen in der Regel einmal, und es ist eher unwahrscheinlich, dass sie seinen Solar-Service in der näheren Zukunft erneut benötigen.

Sobald John begann, beinah alle Warmwasser-Kunden auszusortieren, passierte etwas sehr interessantes. Nicht nur hatte er mehr Zeit, sich auf die profitableren, weniger komplizierten Solarstrom-Projekte zu konzentrieren. Er *verdreifachte* sogar seinen Solarstrom-Umsatz.

Häh? Wie konnte das denn passieren?

Wie John erwähnte, erzähle ich in meinem ersten Buch davon, dass man sich durch Nein-Sagen begehrenswert macht. Wenn ein potenzieller Kunde bei John anrief und ihn bat, Warmwasser-Aufbereitung bei ihm zu installieren, sagte John Nein. Mindestens 50% der Zeit fragte der potenzielle Kunde dann, „Und was *kann* ich bei Ihnen kaufen?". Sie wollten einfach nur Solar – solar *irgendwas*.

„Bevor wir begannen, Nein zu sagen, hätte ich ein Solar-Warmwasseraufbereitung beim Kunden für 10.000 US-Dollar installiert, weil dies arbeitsintensiv war und meine Aufsicht benötigte, hätte ich recht wenig Geld übrig behalten. Jetzt hatten wir ein zwanzigminütiges Gespräch, ich sagte Nein und installierte als nächstes ein Solarstrom-System beim Kunden für 40.000 US-Dollar. Ich verkaufe kein Schlangenöl und betreibe kein Up-Selling. Überhaupt nicht. Es sind einfach unterschiedliche Dinge. Möchtest Du ein Auto oder ein Motorrad? Solare Warmwasserbereitung und Solarstrom sind beides Energiesysteme, ein jedes hat seinen Wert, aber es sind unterschiedliche Dinge."

Jetzt braucht John nicht mehr so häufig vor Ort zu sein. Er verbringt mehr Zeit mit seiner Familie, und wenn er zuhause ist, ist er auch wirklich für seine Familie da. Er hat mehr Zeit und Energie, sein Unternehmen weiterzuentwickeln und die Prozesse zu verfeinern, um Solarstrom jedes Mal perfekt zu installieren. Er rennt nicht mehr im reaktiven Modus durch die Gegend, um sich jeden Tag auf einem Dach oder im Betriebsraum einzusauen und wie blöde zu versuchen, alles geregelt zu kriegen. (Du erinnerst Dich an den Hamster im Laufrad? Genau. Das war er.)

Innerhalb nur eines Jahres – eines Jahres, in dem John und sein Team sich *drei Monate* frei nahmen, was sie im Jahr zuvor nicht hatten tun können – verdoppelte Shaw Solar seinen Umsatz. Trotz des verkürzten Arbeitsjahres entwickelte sich das Ganze von 800.000 US-Dollar zu 1,6 Millionen US-Dollar Umsatz. Nimm drei Monate Urlaub, verdopple Deinen Umsatz! Ihr könnt mich mal, Ihr Workaholics. Echt jetzt.

Dafür lohnt sich das Aussortieren.

Wenn Du Dich um ein Problem oder eine Chance in Deinem Unternehmen kümmerst, musst Du zuerst „Wer?“ fragen, nicht „Wie?“. Wenn Du zuerst fragst: „Wie schaffe ich das?“, dann wird die Last die Deine. Du wirst mehr Zeit investieren, um es herauszufinden, Du wirst Dich überfordert fühlen, und letztlich wirst Du nicht das Kernproblem lösen. Du musst einfach nur das Wörtchen leicht umformulieren und Du bekommst die Antwort, die Du brauchst. Statt nach dem „Wie“ nach dem „Wer“ zu fragen, führt dazu, dass Du Dich um ein System zum Unterstützen des „Wer“ kümmern kannst, um den Prozess dann wiederholbar zu machen. Die Frage nach dem „Wer“ hält Deinen Fokus auf Deine Top-Kunden.

Die Lösung, die John schließlich voranbrachte und aus dem Hamsterrad holte, drehte sich komplett um das „Wer“. Als er aufhörte, sich zu fragen, wie er weniger arbeiten und sein Unternehmen voranbringen könne, und sich stattdessen darauf konzentrierte, wem er seine Dienste anbieten wollte – nämlich den Leuten, die sich für Solarstrom interessierten –, wurde es einfach für ihn, Kunden abzulehnen, denen er seine Dienste *nicht* anbieten wollte – jenen Leuten, die Warmwasseraufbereitung wollten. Und dann lief alles wie am Schnürchen. Die „Weniger Arbeiten“- und „Unternehmenswachstums“-Teile funktionierten von allein. Und letztlich bekam er sogar mehr, als er erwartet hatte.

„Geld motiviert mich nicht so richtig“, hatte John erklärt, als wir unser kleines Gespräch begannen. „Es ging uns finanziell ganz gut, bevor ich den Kurs änderte, allerdings habe ich jetzt die Ressourcen, um mein Unternehmen *so richtig* voranzubringen.“ Verstehst Du? Er denkt über den nächsten Samen nach.

Ausmerzen 1.0

Jetzt ist es an der Zeit, das Unkraut zu jäten, die angegammelten Kürbisse und andere Ablenkungen auszumerzen, damit Deine aktuellen Top-Kunden und neue Kunden, die so sind wie sie, aufblühen können. Wenn Dich dieser Schritt total erschreckt, dann geh zurück zu Deinem Bewertungsbogen und finde den Kunden, der die größte Nervensäge ist, und der, wenn Du ihn gefeuert hast, die geringsten finanziellen Auswirkungen auf Dein Business haben wird. Feuere diese Leute zuerst. Siehst Du, wie erleichtert Du bist, wenn diese Nervensägen Dich nicht mehr anrufen? Wenn Deine gruseligsten Kunden fort sind, mache Dir bewusst, wie viel mehr Zeit Dir bleibt, Dich um Deine anderen Kunden zu kümmern.

Wenn Du immer noch Angst hast, denk dran: Wenn Du diesen ersten Kunden feuerst und die Welt zusammenbricht – das wird sie nicht –, kannst Du immer noch zu dem Idioten zurückkehren. Du bekommst dann den guten alten Ausspruch „Hab ich's doch gewusst!" zu hören und sie nehmen Dich wieder auf, um Dich wie Dreck zu behandeln wie zuvor. Sei Dir also gewiss, dass Du diese grauenvollen Kunden wiederhaben kannst (was Du nicht tun solltest), ... für den Fall, dass ich Unrecht habe (was nicht der Fall ist) ... jedenfalls, wenn Du es wirklich willst (was nicht passieren wird).

Es passiert häufig, dass Unternehmer diesen Teil des Plans umdrehen – aber das ist ein Fehler. Sie denken, dass es zu riskant sei, Kunden zu feuern, weil sie Angst haben, dass die besseren Kunden niemals kommen werden. Also versuchen sie, den Plan umzudrehen, versuchen, *erst* bessere Kunden zu bekommen und dann die nervigen Kunden loszuwerden.

Den Plan umzudrehen, funktioniert aber nicht, denn es braucht Zeit, um Deine Beziehung mit den Top-Kunden reifen zu lassen und neue, bessere Kunden anzuziehen. Unabhängig davon, wie viele Termine Du jonglierst und wie viele Energy-Drinks Du konsumierst, Du hast nicht genug Zeit. Der Pumpkin Plan ist nicht die Art von „Wenn Du es richtig machst, werden sie kommen"-Plan. Dies ist eher die Art „Mach es richtig, dann baue die Asphaltstraße zur Tür Deines Kunden, biete ihnen eine Fahrt Erster Klasse (während Du ihnen Frühstück mit feinstem Porzellan servierst) bis zu Deiner Tür"-Plan. Und Du wirst all die Extra-Zeit und emotionale Energie benötigen, die Du hast, um den Plan durchzuziehen.

Ich verstehe, dass Du nervös bist, also organisiere den Prozess so, dass er für Dich erträglich ist. Es ist viel Arbeit, ein komplettes Feld in einem Anlauf zu jäten und zu sortieren. Und weil Du die neuen Kunden, die an Bord kommen, nicht perfekt einschätzen kannst, werden auch ein paar Idioten darunter sein – Unkraut vergeht nicht, ob Dir das gefällt oder nicht. Also, betrachte Dein Ausmerzen systematischer und nicht als eine Wahnsinnstat.

Wie also wirst Du einen Kunden los? Hier sind vier Vorschläge zum Vorgehen, ohne dass Du ihnen die Kündigung ins Gesicht sagen ... oder sie wirklich ausmerzen musst. (Als ich es das letzte Mal nachgeprüft habe, war das Ausmerzen in allen Bundesstaaten der USA verboten ... bei Jersey bin ich mir allerdings nicht ganz sicher.)

1. *Streiche Angebote.* Das war die Strategie von John Shaw, und Du hast gesehen, wie gut das bei ihm funktioniert hat. Wenn Du wirklich einen bestimmten Kunden oder eine Kundengruppe loswerden möchtest, weil sie einfach nur fies sind, dann kann es sein, dass es nicht ausreicht, ihnen zu sagen, dass Du eine Sache nicht mehr anbietest, um sie davon abzuhalten, dass sie nach anderen Angeboten fragen. Das musst Du möglicherweise anders anpacken. Zum Beispiel könntest Du ein Angebot für eine bestimmte Art von Unternehmen streichen oder aufhören, für diese Branche zu arbeiten (die Branche, in der Deine fiesen Kunden tätig sind ... so ein Zufall). Dafür kannst Du den Branchen-Expertise-Trick nutzen. Du kannst erklären: „Wir haben alle Ressourcen auf eine andere Branche als die Ihre konzentriert und können Ihnen nicht länger helfen."
2. *Stars priorisieren.* Setze einfach Deine besten Kunden an erste Stelle. Wenn die Guten sich melden, werden sie zuerst bedient. Die Gruselkunden werden ans Ende der Schlange gestellt. Wenn Du mit dem Gruselkönig telefonierst und ein Star-Kunde anruft, dann beendest Du (freundlich) das Telefonat mit dem Gruselkunden und kümmerst Dich um den Guten. Die Gruselleute verstehen das schon. Klar, es ist ein bisschen gemein, aber es erfüllt seinen Zweck.
3. *Erhöhe die Preise.* Wenn Du wirklich möchtest, dass die schlechten Kunden sich zurückziehen, dann kannst Du Deine Preise erhöhen. Und ich meine nicht bloß um mickerige zehn oder zwanzig Prozent. Erhöhe Deine Preise, bis es für den Kunden prohibitiv wird. In seltenen Fällen passen sich einige Gruselkunden an die hohen Preise an und bezahlen Dich richtig gut, um weiterhin mit Dir arbeiten zu können. Und weil diese Leute vermutlich mit

Dir arbeiten möchten, sind sie vermutlich dann auch netter. Das liegt daran, dass der Geldbetrag wie ein Bewertungssystem funktioniert: Wenn Du Deine Preise erhöhst, steigt Dein wahrgenommener Wert, und plötzlich bist Du nicht länger ihr persönlicher Prügelknabe. Weil sie Dir echtes Geld zahlen, sind sie ihrerseits an Deinem Erfolg interessiert. Sie können es sich nicht leisten, Dich scheitern zu sehen. Also werden sie total nett und helfen Dir. Sehr schön!

4. *Weigere Dich zu betrügen.* Ein weiterer Weg, die Beziehung zu einem angegammelten Kunden abzubrechen, ist folgender: Du erklärst ihm, dass Du eine Vereinbarung mit einem großen Kunden geschlossen hast, die es Dir verbietet, diesen Kunden weiter zu bedienen. Ich möchte gar nicht anregen, dass Du einen Vertrag aufsetzt oder dergleichen. Es geht lediglich darum, den Bruch zu begründen. Es ist wie beim Dating: Du teilst dem Gruseltypen mit, dass Du bereits mit jemand anderem liiert bist. Erkläre bloß Deinem Großkunden – und kümmere Dich um sein Einverständnis –, dass Du auf den besseren Service für ihn (den Guten) verweist, wenn Du mit dem blöden Kunden brichst.

Eine kleine Anmerkung noch zum Thema Veränderung: Auch wenn gelegentlich Deine nervigen, respektlosen, anspruchsvollen Kunden eine 180-Grad-Wende hinlegen in Reaktion auf Deinen Versuch, sie auszumerzen, kommt dies nur sehr selten vor. Die meisten nervigen Leute werden nicht plötzlich unnervig oder auch bloß akzeptabel. Geh nicht davon aus – und erwarte es bloß nicht von den Idioten, bei denen es Dich schaudert, wenn Du ihre Stimme hörst oder ihr Gesicht siehst. Verwende diese Ausmerz-Strategie nicht als Weckruf für Kunden, die Dich ausnutzen – sie wachen nicht auf. Mach sie einfach platt und mach weiter.

Das Ausmerzen ist aber noch nicht vorbei. Denn nicht nur diese Arsch-Kunden müssen gehen: Auch die, die nicht passen, müssen gehen. Möglicherweise kaufen die nettesten Menschen der Welt von Dir. Der Dalai Lama klopft vielleicht an Deine Tür und bettelt darum, Schuhe von Dir kaufen zu dürfen. Wenn Du aber Hüte produzierst (und keine Schuhe), dann musst Du auch diese Beziehung beenden. Selbst großartige, freundliche, nette Kunden müssen gehen, *wenn* sie nicht zu Deinem Angebot passen. Aber weil die Leute nett sind, werden sie sich bei Dir bedanken, wenn Du sie plattmachst – wenn Du es richtig machst jedenfalls.

Wenn die netten Leute (die im Übrigen vermutlich rund 95 Prozent Deiner Kundschaft ausmachen) mit Dir Geschäfte machen wollen, aber nicht zu Dir passen, dann beendest Du die Beziehung, indem Du ihnen einen anderen Anbieter empfiehlst, der ihnen perfekt zu Diensten sein kann (mehr dazu später). Letztlich wollen sie vor allem guten Service. Und Du bietest ihnen großartigen Service dadurch, dass Du sie zu jemandem schickst, der ihnen am besten helfen kann. Also, Plattmachen kann auch für nette Leute angeraten sein.

Was Du im Kopf behalten solltest, ist, dass Unkraut-Jäten wie in einem Kürbisbeet eine Daueraufgabe ist. Unternehmen verändern sich, und Kunden kommen und gehen. Sobald Du routiniert den Bewertungsbogen ausfüllen kannst, nimm Dir die Zeit, ihn jedes Quartal auszufüllen. Reserviere Dir einen Tag oder zwei, um Deine Kunden zu bewerten und triff die harten Entscheidungen, an die Du Dich – mittlerweile – gewöhnt hast. Du kannst nicht voraussehen, wann ein hartnäckiges kleines Unkraut oder ein gammeliger Kürbis sich in Dein Beet schmuggeln und alles befallen wird.

Der Arbeitsplan

30 Minuten (oder weniger) Action

1. Erstelle eine Liste der „(Un-)Erwünschten". Sieh Dir Deinen Bewertungsbogen an und liste alle Kunden auf, die einfach gehen müssen.

2. Bestimme Deine Killer-Strategie. Ob Du beschließt, die Preise zu erhöhen, Leistungen zu streichen, neu zu priorisieren, das Vertragsargument einzusetzen oder es Deinen Kunden ins Gesicht zu sagen: Du brauchst einen Plan. Bestimme, welche Strategie am effektivsten erscheint, und behalte im Hinterkopf, welchen Einfluss Dein Kunde auf Deine Branche hat.

3. Schick den ersten vergammelten Kunden weg. Hau rein. Jetzt ist es so weit. Schick die Mail. Ruf an. Oder, wenn Du noch einen Arsch in der Hose hast, sag's ihm ins Gesicht. Die Dinge werden sich jetzt zum Guten wenden.

Der Pumpkin Plan in Deiner Branche – Dienstleistungen

Angenommen, Du hast einen Hundeausführ- und -Betreuungsdienst. Häng die Leinen auf, steige über die angesabberten Kauknochen und sperr die kleinen Racker aus dem Büro aus, während wir Dein Unternehmen nach dem Pumpkin Plan organisieren.

Du hast eines von fünf Hundebetreuungsunternehmen in Deiner Gegend, und der Wettbewerb ist hart. Sobald Du Deine Werbung irgendwo aufhängst, kommt einer Deiner Wettbewerber und klebt seine Werbung darüber. Weil Ihr über den Preis konkurriert, kannst Du nur dann Geld verdienen, wenn Du acht bis zehn Hunde zeitgleich ausführst. Selbst wenn Du so viele Hunde auf einmal zusammenbekommst, bleibt es schwierig für Dich.

Nachdem Du herausgefunden hast, wer Deine Top-Kunden sind, rufst Du sie an und bittest sie um ein Treffen. Du erfährst, dass viele von ihnen frustriert sind, weil ihr Hund nur einer von Dutzenden von Hunden ist, die Du zeitgleich betreust. Und sie wünschen sich, dass ihr Hund mehr Aufmerksamkeit von Dir bekommt. Manche möchten mehr darüber wissen, wie es ihrem Hund geht, und möchte sich ihrem Hund auch dann verbunden fühlen, wenn sie nicht bei ihm sein können. (Ganz viele Schuldgefühle. Massen an Schuld.)

Du entschließt Dich dazu, ein paar Deiner schwierigsten Kunden ziehen zu lassen. Diejenigen, die ständig „vergessen", Dich zu bezahlen. Es tut Dir ein bisschen weh, zu sehen, wie die Konkurrenz zuschnappt – sie haben doch schon so viele Hunde. Doch jetzt sind sie es, die sich um die „vergessene" Bezahlung kümmern dürfen.

Und dann überkommt es Dich: Du könntest das Gegenteil von dem anbieten, was die Konkurrenz treibt. Anstatt ganz viele Hunde zeitgleich spazieren zu führen, könntest Du einen exklusiven Ausführ-Service anbieten. Du könntest den luxuriösesten Ausführ-Service der Welt anbieten. Du könntest den kleinen Bruno ganz allein zu einem Spaziergang ausführen und das Doppelte verlangen... oder das Dreifache ... oder das Vierfache von dem, was die Konkurrenz verlangt. Und natürlich wärst Du kein „Hundeausführer" mehr. Unternehmen dieser Art verlangen nicht viel. Aber „Canine Care" – hah, das ist es, was Du ab jetzt anbietest... und mit diesem Label gibt es viel mehr Geld. Wenn Du Dir anhörst, was Deine Kunden sich wünschen, dann ist es klar, dass es das ist, was sie wollen –

jemanden, der sich um die physische *und* emotionale Gesundheit ihres Hundes kümmert.

Jetzt bietest Du nur noch Eins-zu-eins-Hundebetreuung an. Du machst große Touren mit den Hunden. Du arrangierst Spielzeiten mit ihren Hundefreunden. Du schickst ihrer „Mama" oder ihrem „Papa" Fotos von ihren Abenteuern. Du pflegst die Hunde, bürstest ihr Fell und schneidest ihre Nägel. Du bringst den Hunden neue Kommandos bei und verbesserst ihr Hundespielplatz-Benehmen so stark, dass ihre Besitzer wieder durch den Park gehen können, ohne sich verkleiden zu müssen. Du hinterlässt aufmerksame Notizen, auf denen Du alles beschreibst, was Du und ihr „Baby" an diesem Tag unternommen habt. Und wenn Du den Hund über Nacht betreust, dann verbringst Du die meiste Zeit dort und fährst nicht nur kurz hin, um den Hund mal rauszulassen. Nur Du und der Hund, Ihr hängt gemeinsam ab, schaut Euch Kultfilme an und futtert Chips.

Die Rückmeldungen von Deinen Kunden strömen herein, wie begeistert sie sind von ihren „neuen und besser erzogenen" Haustieren. Bessere Manieren, besseres Verhalten, alles ist besser. Du gibst diesen Leuten den Hund, von dem sie immer geträumt haben! Wow!

Weil Du Premium-Preise für diesen Service verlangen kannst, kannst Du weitere Leute einstellen, die für Dich ebenfalls im Canine-Care-Service arbeiten. Und weil Du das Ganze so richtig im Griff hast, kannst Du ihnen leicht beibringen, die süßen Knuffies zu knuddeln, so wie Du es tun würdest – wie *Deine Kunden* es tun würden, wenn sie da wären.

Jetzt hast Du das heißeste, am besten ausgelastete und profitabelste Canine-Care-Unternehmen im Lande. Die Leute sagen, Du solltest ein Buch darüber schreiben ... Dein eigenes Hundezubehör und Hundekuchen anbieten ... ein Hundehotel aufmachen. „Vielleicht", denkst Du. „Mal schauen." Du kannst machen, was auch immer Du magst. Du bist der dickste Kürbis weit und breit.

Kapitel 6: Die Tourniquet-Technik

Lukes Internetunternehmen macht rund 500.000 US-Dollar Umsatz pro Jahr. Er ist 30 Jahre alt, talentiert und kommt viel rum. Und er ist pleite. Er borgt sich Geld von seiner Frau, die sich bemüht, ihn nach Kräften zu unterstützen. Und er hat sich von seinen Eltern 20.000 US-Dollar geliehen, um – oh, das tut weh – die *Gehälter* zahlen zu können. Aua, oder? Es ist nicht einmal ein Wachstumskredit. Es ist ein bescheuertes Pflaster... auf einem gigantischen, klaffenden, tiefen, triefenden Loch.

Als wir uns zusammensetzten, um zu diskutieren, wie das Ausbluten beendet werden und wie er wieder Boden unter die Füße bekommen könne – rate mal, was er gesagt hat? Rate einfach mal. Es ist ein wiederkehrendes Mantra, eines, über das ich bereits gesprochen habe, eines, das Du Dir selbst oder anderen möglicherweise schon gesagt hast. Vermutlich schon mehr als einmal. (Tipp: Erinnerst Du Dich an Bruce, den Hochzeitsfloristen, wie er in seinem Escalade durch die Gegend düste, aufgemotzt bis zum Geht-nicht-Mehr?)

„Uns fehlt nur ein Deal. Wenn diese Leute erst unterschrieben haben, dann wird alles gut."

Oh-oh.

Ich wollte ihm erklären, dass sein jüngster Ave-Maria-Kunde die Krankheit nicht heilen würde, an der seine Firma leidet, sein Bankkonto, seine Träume. Stattdessen dachte ich: ‚Ich tue einfach so, als hättest Du das nicht gesagt, und wir versuchen, das Ganze richtig in den Griff zu bekommen.'

Lass mich Dir ein paar Informationen zu Luke geben. Ihm fehlt nur ein Deal, um richtig durchzustarten – seit acht Jahren. *Acht Jahre*. Er zahlt sich selbst kein großes Gehalt – ein Vollzeit-Job bei McD würde ihm mehr Geld bringen –, aber er bezahlt seine acht Angestellten mit ein bisschen Unterstützung von seiner Frau und seinen Eltern. Luke steckt so tief drin, dass es nur zwei Auswege gibt: Kosten runter oder dichtmachen. Also gebe ich's ihm direkt: „Du musst jemanden entlassen."

An Lukes Gesichtsausdruck (Du hast *Scream* gesehen?) konnte ich ablesen, dass er mir nicht glaubte. Er war schockiert. Ich war wenig verwundert. Niemand will je jemanden entlassen. Unternehmer wollen ihre Angestellten nie *wirklich* entlassen. Wir glauben, dass unser Team etwas ganz Besonderes ist. Geschaffen für Großartiges. Eine Familie, eingeschworen darauf, unsere Träume Wirklichkeit werden zu lassen, die einstmals Krakeleien auf Bierdeckeln waren. Unsere Egos lassen es nicht zu, dass wir jemanden feuern. Wo würde Melissa einen anderen Job wie diesen hier finden? Wie würde Derek zurechtkommen? Was, wenn Nikki sich die Krankenversicherung nicht leisten kann?

Ich verstehe das. Wirklich. Ich musste wirklich großartige Leute in mageren Zeiten entlassen – und es hat mich schluchzend in die Knie gezwungen. Keine Frage – es ist Scheiße. Aber weißt Du, was noch beschissener ist? *Alle* feuern zu müssen, Dich eingeschlossen, wegen Insolvenz. Und das war genau die Situation, auf die Luke zusteuerte, wenn er sich nicht den Fakten stellte und sein Team verkleinerte.

„Aber wenn dieser neue Kunde unterschreibt, dann brauche ich all meine Leute", protestierte Luke.

„Nein, Luke Wir müssen einen anderen Weg finden, diese Kunden zu bedienen – nur Du und drei Angestellte."

Jetzt ist Luke richtig fertig. Ich kann seinen inneren Sturm der Entrüstung förmlich hören: *Fünf Angestellte entlassen? Niemals! Das kann ich nicht machen. Wen würde ich feuern? Wie könnte ich wählen? Was passiert, wenn wir mit der Arbeit nicht zurechtkommen? Ich kann nicht noch härter arbeiten, als ich es ohnehin schon tue.*

Ich traf Luke, als ich in Harvard einen Vortrag hielt, und seither sind wir befreundet. Für mich ist Luke wie ein Bruder. Wirklich. Und ich weiß genau, wie er sich fühlt. Ich weiß, wie es ist, wenn Du Dich jeden Tag abmühst, damit Du die Leute bezahlen kannst, die mehr Geld verdienen als Du. Ich weiß, wie es sich anfühlt, wenn Du morgens aufwachst, nachdem Du es wieder einmal wundersamerweise geschafft hast, die Gehälter zu bezahlen, und Dir klar ist, dass es nun von vorn beginnt und Du in vier Wochen wieder zwanzig-, dreißig- oder vierzigtausend Dollar aus dem Nichts zaubern musst. Und ich weiß, dass es egal ist, was der gesunde Menschenverstand sagt: Wenn Du über die Hälfte Deines Teams entlassen musst, dann fühlt sich das an wie Versagen. Deshalb gehe ich behutsam vor, als ich ihm erkläre, was er tun *muss*.

„Luke, Du kannst Dir bei einem Jahresumsatz von 500.000 US-Dollar keine acht Angestellten leisten. Niemand kann das. Das bedeutet nicht, dass Du es versaut hast. Bei diesen Zahlen kann das niemand", versicherte ich ihm. „Du bist nun seit fast zehn Jahren dabei, und wenn Du jetzt nichts änderst, dann musst Du in naher Zukunft *alle* entlassen ..., weil Du die Türen für immer schließen musst."

Luke war still, also wusste ich, dass er zumindest über meinen Rat nachdachte. Ich schaute auf seine Kundendatei. Von außen hatte es den

Anschein, als sei sein Unternehmen sehr fokussiert. All seine Kunden arbeiteten ähnlich und benötigen ein ähnliches Endergebnis. Es sah aus, als sei es leicht zu systematisieren. Er sollte gar nicht so viele Leute brauchen, um seine Kunden zu bedienen. Wo also war das Problem?

„Wofür brauchst Du so viele Mitarbeiter?", fragte ich.

„Also, einige unserer Programmierarbeit läuft in C++, andere in PHP, einige in Ruby, andere wiederum in Flash. Und dann gibt es noch Dinge in ganz anderen Sprachen. Ich brauche Leute, die wissen, wie die unterschiedlichen Anforderungen funktionieren." Mit anderen Worten: Ein Teil ihrer Arbeit lief auf Japanisch, einiges war Englisch und einiges eine Mischung aus Geheimsprache, Zeichensprache und Klingonisch.

Bingo! Da lag sein Problem. Er hatte einen Haufen Code-Linguisten an Bord, um Projekte für jede nur denkbare Sprache annehmen zu können. Und er brauchte Leute, die all diese abstrusen Anfragen managen konnten. Kein Wunder, dass er pleite war. Luke mochte eine einzigartige Dienstleistung anbieten, allerdings bediente er keine Nischenkundengruppe – er sagte Ja zu jedem, spielte das Massen-Spiel, versuchte allem und jedem zu dienen, auch wenn dies bedeuten mochte, dass er zu viele Angestellte hatte und ein Überangebot pflegte. Er hoffte, dass der Bedarf für all diese Sprachen, die sein Unternehmen anbot, steigen würde, und dass es plötzlich richtiggehend sinnvoll sein sollte, acht Leute auf der Gehaltsliste zu haben. Luke lief über das Kürbisfeld, das sein Unternehmen darstellte, und versuchte, jede einzelne Blüte an der Kürbispflanze zu gießen und zu düngen und zu lieben.

So zieht man aber keinen Riesenkürbis, oder?

„Luke, wenn Du für Eure Projekte nur eine Sprache zur Verfügung hättest – die eine, die den meisten Umsatz bringt und am einfachsten anzubieten ist –, dann könntest Du das alles mit drei Angestellten managen", sagte ich und erwartete, dass über seinem Kopf ein gigantisches Licht aufgehen würde, dass er mich abklatschen und einen kleinen Tanz aufführen würde ... ok, das ist vielleicht ein bisschen viel verlangt, aber ich hatte gerade herausbekommen, wie wir seinen Hintern retten konnten. Ich sage nicht, dass er einen ausgewachsenen Breakdance hätte aufführen müssen, aber einen kleinen Torjubel hätte ich mir durchaus gewünscht.

„Aber Mike, die meisten meiner Kunden werden mich zum Teufel schicken!"

„Wunderbar! Du möchtest ohnehin nicht mehr für sie arbeiten. Du möchtest mit Deinen Top-Kunden arbeiten und Dein Unternehmen von dort aus wachsen lassen. So funktioniert das. Ein paar Leute, die nicht Deine Top-Kunden sind, werden angepisst sein."

„Mike, ich kann das nicht. Das Risiko ist zu groß. Ich *brauche* all meine Kunden."

Seufz.

Luke gehört zu den Leuten, die – wie die meisten von uns – ihre Einstellung nicht verändern können, selbst wenn sie dadurch ihr eigenes Unternehmen retten würden. Er wollte aus dem Hamsterrad aussteigen, aber er hatte Angst zu springen, also lief und lief er immer weiter nach Nirgendwo. Und er würde immer weiter laufen ..., bis er zusammenbrach (oder sein Unternehmen). Ich fürchte, dass Insolvenz zu einer von Lukes Lektionen gehören könnte, und das ist einfach unnötig.

Egal wie sehr Du glaubst, dass sie Dich brauchen, egal wie sehr Du glaubst, dass *Du sie* brauchst – Du kannst keine Angestellten halten, die Du Dir nicht leisten kannst. Punkt. Das Wunderbare am Pumpkin Plan ist: Sobald Du es geschafft hast, alle bescheuerten und unpassenden Kunden loszuwerden und Deine Aufmerksamkeit auf die vielversprechendsten Kunden zu richten, ist die Gelegenheit da, alle Kosten loszuwerden, die Deinen Top-Kunden nicht nutzen. Alles, von Telefonleitungen bis hin zu Parkplätzen. Es ist so viel einfacher, die Kosten zu senken. Du siehst ganz deutlich, was weg muss, und weil Du dabei bist, einen gigantischen, preiswürdigen Kürbis zu ziehen, hast Du den emotionalen Hebel, Deine Gewinn-und-Verlustrechnung (GuV) im Detail anzuschauen und die Blutung zu stoppen. Ich nenne dies die Tourniquet-Technik.

Die Blutung stoppen

Ich habe es zuvor viele, *viele* Male gesagt, aber es ist es durchaus Wert noch weitere Millionen Male gesagt zu werden: Geld ist das Lebenselixier Deines Unternehmens. Es ist wichtiger als Dein gigantisches Inventar, Deine offenen Forderungen und beeindruckenden Kreditlinien. Aus Inventar kann Schrott werden, Kunden zahlen vielleicht nie und Kreditlinien verschwinden in Nullkommanix. Wie Luke wirst Du es niemals schaffen, wenn Du nicht genug Geld hast – und ich bin bereit, darauf zu wetten, dass Du nicht genug hast.

Die meisten Unternehmer sind pleite, blank oder auf dem Weg in die roten Zahlen. Warum? Weil das in der Natur des Menschen liegt. Wir geben aus, was wir einnehmen – seien es Fünftausend, Fünfzigtausend oder Fünf*hundert*tausend. Wenn Du endlich den großen Kunden an Land gezogen hast, brauchst Du plötzlich einen neuen Assistenten, ein neues Büro oder einen großen Eckstand auf der nächsten Messe. Dein Produkt wird auf einmal die heißeste Sache, die es je gegeben hat, und Du expandierst in Bereiche, die mit Deinem ursprünglichen Konzept wenig zu tun haben. Obwohl Du eigentlich Reserven für stürmische Zeiten (oder Orkane) aufbauen solltest oder für eine Durststrecke während einer schwierigen „Wachstumsphase“, unterschreibst Du Schecks wie Trump, ohne Dir auch nur den leisesten Gedanken zu machen.

Bis das Geld weg ist.

Und das Geld ist irgendwann weg ... es sei denn, Du stoppst die Blutung.

Beim Pumpkin Plan geht es nicht um Umsatz, es geht um Gewinn. Erinnerst Du Dich an Gewinn? Das ist der Grund dafür, dass Du überhaupt in dieses Wahnsinnsgeschäft eingestiegen bist – um Gewinn zu machen. Einen riesigen Gewinn, die Mutter aller Gewinne, mit der Du Dein Traumleben führen kannst – richtig? Sollte Gewinn nicht ziemlich weit oben auf Deiner Prioritätenlisten stehen, liest Du das falsche Buch. Darf ich Dir raten, dann die *Wassermelonen-Warmdusche*, die *Cantaloupe-Klemme* oder den *Versager-Fruchtbecher* zu lesen?

Einfach gesagt, ist die Tourniquet-Technik eine Methode, Kosten zu reduzieren oder zu eliminieren, die mit solchen Kunden einhergehen, die am untersten Ende Deines Kunden-Rankings stehen. Diejenigen mit der Note sechs, gammelige Kürbisse, die Du direkt loswerden musst. Sie nerven nicht einfach bloß und stehlen Deine Zeit, sie sind Blutsauger. Du hast einen ganzen Batzen von Kosten, die daran hängen, dass Du Deine schlimmsten Kunden zufriedenstellst. Also, bevor Du nun ausblutest, nutze Tourniquet. Schau Dir Deine Kosten an – alles, von Deinen Mitarbeitern bis hin zu Büromaterial – und dann schmeißt Du alles raus, was mit Deinen konstenintensivsten Kunden zu tun hat.

Es erscheint sehr grundlegend wie: *Hallo!?! Warum sollte ich die Kosten nicht eliminieren, die an einem Kunden hängen, den ich gefeuert habe, Mike?*

Weil Du ein Mensch bist, das ist der Grund. Du wirst weiterhin ausgeben, was Du einnimmst und Dir und Deinem Unternehmen erzählen, warum es vermutlich eine gute Idee ist, das Geld *weiterhin* auszugeben. Du möchtest Nicole aus der Buchhaltung nicht feuern, nur weil sie zuvor 85 Prozent ihrer Zeit damit verbracht hat, Deine idiotischen Kunden zu jagen, und jetzt nichts mehr zu tun hat. Was macht es schon, dass sie diese Woche siebzehn Mal die Rechnungen abgelegt und nochmal abgelegt hat? Nicole ist großartig. Und sie hat drei Kinder. Drei wunderbare, hilflose, teure Kinder. Du wirst schon *irgendwas* finden, was sie tun kann.

Das Vorzeigebüro, das Du gemietet hast, um diesen Kunden zu beeindrucken (auch bekannt als „Volksfeind Nummer 1“)? Das wirst Du nicht aufgeben. Das ist cool. Damit fühlst Du Dich wichtig, wenn Du dort vorbeifährst und den Namen Deines Unternehmens an der Klingel siehst. Und wenn es 10 Prozent Deines Budgets frisst? Es ist ein großartiges Büro. Dir wird schon noch einfallen, *was* Du damit machen kannst.

Und fang jetzt nicht mit dieser nationalen Konferenz an. Du *musst* da hin. Natürlich, Du hast diese Konferenz regelmäßig besucht, weil diese bedürftigen Kunden erwartet haben, dass Du jedes Jahr kommst und sie gut unterhältst. Aber es ist vermutlich gut fürs Geschäft. Jetzt, wo Du auf dieser Konferenz „Single“ bist und Dich frei bewegen kannst, ohne an Deinen Kunden gekettet zu sein, wirst Du vermutlich *neue* Kunden finden. (Ähm ... möglicherweise Kunden von der Art, wie Du sie gerade gefeuert hast.) Überhaupt sind dieses Jahr alle, die hingehen, total aufgeregt. Es ist eine richtiggehende Teammaßnahme für Deine Mitarbeiter. Du wirst schon *irgendwas* Sinnvolles auf der Veranstaltung finden.

Es ist hart, sich von Kunden zu verabschieden, selbst von Idioten. Es ist auch hart, der Welt auf Wiedersehen zu sagen, die Du um Deine Kunden herum aufgebaut hast – die Leute, der Kram und die Dienstleistungen, für die Du bezahlt hast, um die Idioten zufriedenzustellen. Wie sehr Du Nicole auch liebst, dieses tolle Vorzeigebüro und den jährlichen Ausflug zur Konferenz, Du musst die Blutung stoppen – Du musst Dein Unternehmen *mehr* lieben.

Prüfe alles – Zeile für Zeile

Es sollte ein Nebenjob sein, ein Hobbyprojekt, das ihnen vielleicht noch ein paar zusätzliche Dollar einbringen sollte. Ales Athelia Wolley und ihre ehemalige Geschäftspartnerin ShabbyApple.com gründeten, hofften sie, vielleicht 20, vielleicht 30 unterschiedliche Kleidermodelle pro Jahr zu verkaufen, nichts Großes. Sie liebten die Sachen, die Frauen in den 1940ern und 1950ern trugen und verstanden, dass hinter dem *Mad-Men*-Trend und Martha Stewarts Häuslichkeitsimperium eine Sehnsucht nach längst vergangenen Zeiten steckte. Ahtelia fiel auf, dass die Frauen, die ihre Unverbrüchlichen Gesetze teilten, die Vergangenheit romantisierten – und damit auch die Kleider.

Athelia hatte für Amnesty International gearbeitet und war deshalb entschlossen, die Kleider unter Achtung der Menschenrechte herstellen zu lassen (also keine Fünfjährigen, die 12-Stunden-Tage in Sweatshops abreißen), was hieß, dass die Kleider in der Herstellung teurer waren. Um die Preise niedrig zu halten, beschlossen die Gründerinnen, sich die Großhandelsrabatte zu sparen und über ShabbyApple.com direkt an Endkunden zu verkaufen. Das bedeutete aber, dass sie einen Weg finden mussten, alleine die gute Nachricht zu verbreiten, ohne die Unterstützung von Wiederverkäufern.

Wie die meisten Start-ups hatte auch Shabby Apple so gut wie kein Geld für Marketing oder Anzeigen. Um eine Marke aufzubauen, engagieren andere Designer Modeagenturen, bezahlen dafür, dass ihre Marke gezeigt wird, und engagieren ein Team, um Lookbooks (eine Art Minikatalog oder Broschüre für Magazine und Wiederverkäufer) und andere Werbemittel zu kreieren. Aber wenn Du nicht gerade ein Design-Genie oder bereits berühmt, oder der größte Glückspilz auf Erden bist, dann kann dieser Prozess Jahre dauern und ein Vermögen kosten.

Not macht nun einmal wahrlich erfinderisch, also weißt Du, dass diese Geschichte Richtung Happy End läuft. Ich meine, wie viele große Erfolgsgeschichten beginnen mit den Worten: „Wir hatten kein Geld, deshalb ..." Jede Menge. Shabby Apple ist eine dieser Erfolgsgeschichten. Heute verkaufen sie mehr als hundert verschiedene Designs über ihre Webseite. Athelia hat ihren alten Job gekündigt und arbeitet jetzt Vollzeit für ShabbyApple.com ... und es läuft super.

Ich musste herausfinden, wie sie und ihre ehemalige Geschäftspartnerin es geschafft hatten, an die Spitze der gesättigten, taffen Modeindustrie zu kommen – und noch dazu mit einem Produkt, das in der Herstellung teurer war. (Willst Du das nicht auch wissen?) Also rief ich sie an und nahm sie für rund eine Stunde in die Mangel. Und wunderbar wie Athelia ist, war sie so nett, mir alles zu erklären.

„Wir beschlossen online zu vermarkten und nicht an Wiederverkäufer zu verkaufen, da die meisten Leute online einkaufen, vor allem Frauen", erklärte sie mir. „Zweitens konnten wir dadurch die Preise niedriger halten, und wenn wir einen Wiederverkäufer genutzt hätten, hätte dies unsere Marge sehr verringert. Mit unseren höheren Herstellkosten wären wir nicht in der Lage gewesen, erfolgreich zu sein."

Aber wie hatten sie ohne Marketingbudget eine Kundenbasis aufbauen können? Athelias Gedankenblitz kam, als ihr klar wurde, dass ihre Freundinnen – Frauen in den Dreißigern mit kleinen Kindern – jeden Tag Blogs lasen. Sie schauten nach Rezepttipps, Urlaubsideen und Modetrends. Also fing sie an, Bloggern Probestücke zu schicken, die dann auf ihren Blogs über Shabby Apple schrieben. Zu Beginn teilten sie ihr Marketingbudget zwischen Bloggern und Anzeigen auf, doch bald wurde ihnen klar, dass sie *weit* mehr Verkäufe aus den Blog-Erwähnungen erzielten als aus teuren, gezielten Anzeigen.

„Es gab nicht viele Unternehmen, die sich auf den Blog-Markt konzentrieren – und ich glaube, dass Unternehmen immer noch nicht richtig Kapital aus diesem Markt geschlagen haben", sagte sie. Sie nutzten (kostenlose!) Tracking-Software, Google Analytics, um genau herauszufinden, wo ihre Top-Kunden saßen. „Google sagt Dir, wie viele Klicks Du von bestimmten Blogs bekommst. Alternativ geben wir Blogs bestimmte Gutschein-Codes. Du kannst dann genau nachvollziehen, woher Deine Verkäufe kommen. Das war wirklich hilfreich."

Weil Athelias Top-Kunden Frauen in den Dreißigern waren, die online einkauften und Blogs lasen, war sie in der Lage, eine ganze Wagenladung Geld zu sparen – ungefähr 20.000 US-Dollar pro Monat hätte sie für Ausstellungsräume, Agenturen und andere Gebühren zahlen müssen, die von den meisten Modedesignern als notwendige Kosten angesehen werden. Trotz ihres massiven Wachstums gaben sie nur etwa 1.000 US-Dollar monatlich für Blog-Marketing aus. Erstaunlich, oder?

Hätte Athelia Shabby Apple bei allen Frauen beworben oder beschlossen, dass sie ihre Kleidung über Wiederverkäufer vertreiben sollten, wären sie dann jetzt ein Riesenkürbis? Vielleicht. Oder Athelia wäre nach wie vor in einer Vollzeitanstellung und würde ihr Unternehmen „nebenher" abends und am Wochenende betreiben.

Kannst Du nachvollziehen, wie es ihr der Fokus auf ihre idealen Kunden ermöglicht hat, Kosten zu vermeiden, die für die meisten Designer notwendig sind? Die meisten Leute in ihrer Branche hätten ihr gesagt, dass sie bekloppt sei, keine PR-Agentur zu beschäftigen, um ihre Kollektion den Magazinen vorzustellen, dass sie unbedingt einen Showroom in New York brauche, dass das Schalten von Anzeigen einfach Teil des Ganzen sei. Falsch! Sie spart sich knapp eine Viertelmillion Dollar pro Jahr, indem sie darüber nachdenkt, was ihre Kunden wollen, wie sie sie erreichen kann, und tut dann genau das – und *nur* das.

Jetzt, da Du weißt, wer Deine Top-Kunden sind, wirf einen gnadenlosen Blick auf Deine Kosten und behalte alle Möglichkeiten im Kopf. Ist das alles *wirklich* notwendig? Könntest Du die Art, wie Du Deine Kundenansprache gestaltest, so verändern, dass Du ihnen besser dienst? Musst Du wirklich die jährliche Party schmeißen, wo doch Deine Top-Kunden gar nicht auf Partys gehen? Wenn sich herausstellt, dass Deine

Kunden ihre Geschäfte in der Hauptsache online abwickeln, brauchst Du dann wirklich eine Hochglanzbroschüre?

Schau Dir alles an, Zeile für Zeile, und frage Dich: „Nutzt dies meinen besten Kunden am meisten?“ Wenn nicht, lass es los.

Das richtige Team für einen Riesenkürbis

Vielleicht hast Du noch kein Organigramm für Dein Unternehmen gestaltet, aber ich bin bereit, darauf zu wetten, dass Du – falls Du eines hast – die Sache so angegangen bist, wie es die meisten Unternehmer tun: Du hast das zugrunde gelegt, was *ist,* und nicht das, was *sein sollte*. Ich wette darauf, weil fast jeder das so macht.

Es erscheint logisch, ein Diagramm zu erstellen, das Dich und all Deine Mitarbeiter und die jeweiligen Arbeitsplatzbeschreibungen berücksichtigt. Um dann herauszufinden, wie *das* funktioniert. (Denn ich weiß, Du möchtest, dass es wirklich, wirklich läuft.) Doch Du möchtest nicht nur herausfinden, wie Du die aktuelle Situation ans Laufen bringen kannst; Du möchtest einen Weg finden, wie Du ein Unternehmen im Wert von mehreren Millionen auf die Spur bringen kannst, das die Konkurrenz winzig erscheinen lässt und Dich davon befreit, die Maschine am Laufen zu halten, ... für immer. Während es also logisch erscheint, mit dem zu beginnen, was da ist, ist der richtige Weg, ein Team für Deinen Riesenkürbis zusammenzustellen, so wie Du es Dir wünschst.

Deine Hauptaufgabe ist es, Deinen Top-Kunden einen unglaublich guten Service zu bieten, also sollte Dein Organigramm genau das berücksichtigen. Du musst also zunächst Dein idealisiertes Organigramm erstellen. Eines, das Dich in die Lage versetzt, Deine Top-Kunden effizient und mit Leichtigkeit zu unterstützen. Kein Stress. Keine Dramen. Keine verpassten Deadlines. Wie würde das aussehen? Würdest Du bestimmte Positionen streichen? Würdest Du eine neue Rolle einführen? Würdest Du Teams einsetzen, um die Last zu verteilen?

An diesem Punkt geht es bei Deiner Organisation nicht um die Mitarbeiter: Es geht um Positionen. Denk also nicht über die Leute nach, die für Dich arbeiten, und darüber, was sie tun. Denk stattdessen über die Rollen nach und die Verantwortlichkeiten in den einzelnen Positionen, die Deinen Top-Kunden am meisten nutzen. Wie müssten die Leute in den Positionen miteinander kommunizieren? Wie würden sie sich gegenseitig informieren?

Nun, da wir das ideale Organigramm haben, setze Deine Teammitglieder in die Rollen, die sie jeweils ausfüllen sollen. Zumeist haben einige Leute (Dich eingeschlossen) verschiedene Hüte auf. Du hast vielleicht ein Organigramm mit 50 Positionen, die von zehn Leuten besetzt werden müssen. Und manchmal gibt es Leute, die aktuell für Dein Unternehmen arbeiten, die in das ideale Organigramm nicht hineinpassen. Nur weil Du 50 Positionen für zehn Leute hast, heißt das nicht, dass jeder hineinpasst. Du zäumst das Pferd von hinten auf, wenn Du ein Organigramm auf der Grundlage der aktuellen Struktur eines ums Überleben kämpfenden Unternehmens zeichnest. Schließlich ist die Organisation zum Teil verantwortlich dafür, dass das Unternehmen zu kämpfen hat. Der Schlüssel ist, ein idealisiertes Organigramm zu zeichnen und dann die Teile des existenten Unternehmens einzufügen, die ordentlich hineinpassen.

Bevor ich mit Luke diese Übung absolvierte, war er absolut davon überzeugt, dass er niemanden würde entlassen können – andernfalls hätte er nicht genügend Leute, um die Arbeit zu erledigen. Er konnte nicht erkennen, wie es funktionieren könnte – und Dir geht es vermutlich genauso.

Du und ich, wir wissen, dass Luke sich besser fokussieren und diese ganzen verschiedenen Programmiersprachen sein lassen muss. Doch selbst wenn er meinem Rat nicht folgt, kann er einige Anpassungen im Team vornehmen, die sein Betriebsergebnis dramatisch verändern werden – dramatisch verbessern.

Als wir sein idealisiertes Organigramm mit seinem aktuellen Organigramm verglichen, fiel mir auf, dass Luke drei Projektmanager beschäftigte (PMs). Die Arbeit des einen war quasi keinem Kunden in Rechnung zu stellen, und im Unternehmen war er eher ein Störfaktor. Auf der anderen Seite war sein Büroleiter ganz außergewöhnlich und hatte sowohl die Zeit als auch die Kompetenzen, einige der Projektmanagement-Aufgaben zu übernehmen. Also zeigte ich Luke, dass er seinen überzähligen PM entlassen und sein Büroleiter die Aufgaben problemlos übernehmen könne.

Weißt Du, was uns darüber hinaus aufgefallen ist? Bei Luke lag die Verantwortung für fünf, sechs Aufgaben, für die er eigentlich gar keine Verantwortung hätte haben dürfen. Er nutzte lediglich 10 Prozent seiner Zeit für seine Rolle als Geschäftsführer, weil er so damit beschäftigt war, den Hansdampf in allen Gassen zu spielen, den Unternehmer so gut ... oder eher den sie so häufig geben. (Es ist eine Krankheit, ernsthaft!) Er übernahm das Marketing, er machte Vertrieb, er kümmerte sich um die

Personalangelegenheiten, er erledigte die Buchführung, und in seiner Freizeit (die er eigentlich gar nicht hatte) programmierte er. Genau. Er leistete die Arbeit, für die er acht Angestellte bezahlte. Es war alles hervorragend zu erkennen, in farbenprächtiger Herrlichkeit. Ein Organigramm lügt nicht.

Ich weiß, wie beängstigend es ist, über dieses Ausmaß von Veränderung überhaupt nachzudenken, aber Du musst das tun. Klarheit ist der Schlüssel, und eine der besten Möglichkeiten, realistisch auf Dein Team zu schauen, ist es, ein idealisiertes und aktuelles Organigramm zu zeichnen. Wenn Du sehen kannst, wie es sein sollte, und zugleich erkennst kannst, wie es ist, dann kannst Du die Leute und die Aufgaben umsortieren, bis die beiden Diagramme einander entsprechen.

Und *das*, mein Freund, ist der Weg, der zum besten Team für Deinen Riesenkürbis führt.

Der Arbeitsplan

30 Minuten (oder weniger) Action

1. Fange mit dem Einfachen und Offensichtlichen an. Jetzt, wo Du die meisten Deiner schlechten Kunden gefeuert hast, streiche alle Kosten, die mit ihnen bzw. dieser Art von Kunden in Verbindung stehen. Vielleicht kannst Du zum Beispiel diese teure Software loswerden oder Dich von den Teilzeitverwaltungsleute trennen, die sich mit jeder Laune dieser jetzt gefeuerten Kunden befasst hatten.

2. Streiche, um zu unterstützen. Jetzt prüfst Du all Deine Kosten und checkst, a) ob sie Dich dabei unterstützen, Deine Top-Kunden so zu bedienen, wie sie sich das vorstellen, und b) wie Du diese Kosten verändern oder was Du streichen kannst, um Deinen Top-Kunden noch *besser* zu dienen.

3. Erstelle ein Diagramm. Entwirf Dein idealisiertes Organigramm. Jetzt fängst Du an, die richtigen Leute auf die richtigen Positionen zu setzen, damit sie die richtigen Kunden auf die richtige Art und Weise unterstützen können. Setz dies um – und Deiner wird der fetteste Kürbis im ganzen Land.

Der Pumpkin Plan in Deiner Branche – Künstler

Angenommen, Du spielst in einer Rockband – Ihr spielt so etwas Ähnliches wie eine Neuauflage des guten alten Punkrock – mit Durchbruchspotenzial. Leg Deine Gitarre zur Seite, zieh Deine Röhrenjeans hoch und lass uns den Pumpkin Plan für Dein Unternehmen durchspielen. Wenn Du nicht bloß das Kunst-um-der-Kunst-Willen-Spiel spielst oder in Deiner Garage abhängst, dann *ist* das ein Unternehmen.

Deine Band steht kurz vor dem Durchbruch, wie man so sagt. Ihr seid kurz davor, so richtig groß rauszukommen..., aber Ihr seid jetzt seit fünf Jahre kurz davor (oder sind es 15? – Kinder, wie die Zeit rast), und Du hast wirklich die Nase voll davon, in Büros auszuhelfen, nur um über die Runden zu kommen. Du hast Glück, denn anders als Deine großen Vorbilder müsst Ihr nicht abwarten, bis Euch ein Plattenlabel entdeckt. Die Technik ist so weit, dass Ihr Euren Kram einfach selbst einspielen, vertreiben und vermarkten könnt. (Kannst Du jetzt erkennen, dass es ein Unternehmen ist?)

Beim Ausfüllen des Bewertungsbogens nimmst Du Deine besten Fans als Deine Kunden – die Leute, die alles kaufen, was Ihr veröffentlicht, die all Eure Konzerte besuchen und mit jedem, den sie kennen, über Euch quatschen, sobald sie die Gelegenheit dazu bekommen. Per definitionem sind Eure größten Fans Eure Top-Kunden. Aber Ihr habt auch ein paar große „Fans", die Euch nicht richtig verstehen. Sie gehen zu Euren Konzerten, aber sie singen so laut mit, dass Du Dich selbst nicht denken hören kannst. Sie versuchen, Backstage zu kommen und Dich anzufassen, wenn Du durch die Mengen läufst. Und sie fassen immer Eure kostenlosen Fan-Artikel ab (Ihr musstet aufhören, T-Shirts ins Publikum zu werfen, weil diese Fans andere verletzt haben, um daran zu kommen – nicht, um sie selbst zu tragen, sondern um sie über eBay® zu verkaufen). Schiebe diese Leute ans untere Ende Deiner Liste.

Du willst wirklich herausfinden, was Eure größten Fans – Eure Top-Kunden – auf ihren Wunschzetteln stehen haben. Also rufst Du sie an und, nachdem sie aufgehört haben zu schreien und grauenvoll „Oh, mein Gott!" zu kreischen, fragst Du sie, was sie an ihren Lieblingsbands (nicht nur an Euch) und an der Musikindustrie allgemein am meisten frustriert. Und Dir wird langsam klar, dass die Leute, die Euch am meisten schätzen, sich als etwas Besonderes fühlen möchten. Sie möchten sich nicht fühlen wie dumme Fans, die auf ein Foto oder ein Autogramm draußen vor der Tür warten. Sie wollen wissen, was drinnen vor sich geht – sie wollen teilhaben an dem, was hinter den Kulissen passiert, am kreativen Prozess.

Aber Du kannst nicht Tausenden von Menschen das Gefühl geben, etwas Besonderes zu sein.

Oder doch?

Du und Deine Bandmitglieder, Ihr steckt Eure Punkrock-Köpfe zusammen und findet eine Möglichkeit, Eure Fans kontrolliert an Eurem Leben teilhaben zu lassen; ein Weg, der im Grunde jedem offenstünde. Ihr entschließt Euch dazu, die Entstehung Eures nächsten Albums zu dokumentieren, Eures nächsten Konzerts, Eurer nächsten Tour mit Foto und Video. Ihr tweetet live aus den Studio-Sitzungen. Ihr befragt Eure Fans über Facebook, bittet um Input für einen Song. Ihr macht keine großen Meet-and-Greet-Events nach der Show, sondern fangt an, Partys zu schmeißen, bei denen Ihr einfach mit Euren Fans feiert. Ihr beantwortet die Fragen Eurer Fans auf Eurem Blog. Oh – und das Coolste, was eine Band je gemacht hat: Ihr baut Passwörter in Eure Songs ein. Codes in den Songtexten, die Euren treusten und größten Fans, die Bescheid wissen, Zugang zu einem wahren Füllhorn an exklusivem Material ermöglichen, das Ihr auf Eurer Webseite versteckt habt.

Jetzt *lieben Euch* Eure Top-Kunden – Eure größten Fans – noch mehr als zuvor, und sie haben jetzt Massen an Content zum Teilen mit all ihren Kumpels. Es ist hart – streich das: Es ist Ihnen *unmöglich*, die Passwörter geheim zu halten. Also sagen sie sie jedem, den sie kennen, und jeder, den sie kennen, beginnt, Eure Songs zu hören, weil sie die nächsten sein wollen, die das neuste Passwort entdecken.

Eure Top-Kunden sind jedes Mal total begeistert, wenn Ihr ihre Namen erwähnt oder ihnen antwortet, und retweeten das in die ganze weite Welt hinaus. Jetzt habt Ihr eine neue Gruppe an begeisterten Fans, die auch dazu gehören möchten. Eure begeisterten Fans richten Online-Communities ein, treffen sich selbstständig, schreiben Fan-Fiction über Euch. Schon bald seid Ihr Internet-Berühmtheiten, und dann rufen die Plattenfirmen an. Es ist jetzt an Euch, den Deal zu machen oder nicht. Ihr seid nicht darauf angewiesen. Ihr erntet jetzt jede Menge Belohnungen (und den größten Teil des Gewinns), jetzt, wo Ihr richtig fette, rockende Riesenkürbisse seid.

Kapitel 7: Zieh Deine Lieblinge vor und brich die Regeln

Nun, da Du Deine Kunden sortiert hast, die gammeligen Nervensägen entlassen hast, Deine unpassenden Kunden weitervermittelt, unnötige Ausgaben gestrichen und ein gesundes Wurzelsystem installiert hast (Dein neues Organigramm), ist Dein nächstes Ziel, Deine Energie auf Deine zentrale Kundengruppe zu konzentrieren. Dein Ziel, Deine *Mission*, ist es, diese Leute so glücklich zu machen, dass es vollkommen ausgeschlossen ist, dass sie Dich je zugunsten eines Konkurrenten verlassen würden.

Um das zu erreichen, musst Du gegen das allgemein Anerkannte verstoßen (und die strikten Anweisungen Deiner Mutter ignorieren). Du wirst Deine Lieblinge vorziehen und ein paar andere „Spielplatz"-Regeln brechen müssen. Und Du wirst Dein Spiel auf einer höheren Ebene spielen müssen, Deine Kunden mit Deinen supergroßartigen Versorgungskünsten verzaubern. Blende sie mit Innovationen und überragendem Service. Sei besser, als sie es sich vorstellen konnten. Biete Lösungen für ihre Probleme und erhöre ihre Gebete.

Deine Kunden wissen nicht, dass Du nach dem Pumpkin Plan arbeitest, also werden Deine Top-Kunden nicht wissen, dass sie Deine Top-Kunden sind und im Zentrum Deiner unvergänglichen Aufmerksamkeit stehen. Woher sollen sie wissen, dass sie an der Spitze Deiner VIP-Liste stehen, wenn Du es ihnen nicht sagst? Aber eigentlich – streich das. Worte sind billig. Du musst es ihnen *zeigen*. Wenn Du möchtest, dass Deine Top-Kunden wissen, wie viel sie Dir bedeuten, dann musst Du sie wissen lassen, wie sehr Du die Zusammenarbeit mit ihnen schätzt und möchtest, dass sie Erfolg haben.

Das, mein Freund, ist der Teil, der so richtig Spaß macht.

In den nächsten paar Kapiteln zeige ich Dir meine gesamte Trickkiste; die Strategie, die ich eigesetzt habe, um die Beziehungen zu meinen Top-Kunden zu verbessern, neue Top-Kunden anzuziehen und mein Unternehmen wachsen zu lassen. Und die Unternehmen meiner Freunde. Bis unsere Unternehmen Umsatzmaschinen im Millionenbereich wurden. Für den Augenblick lass uns mit dem einfachen Zeug anfangen.

Günstlingswirtschaft ... eine gute Sache

Du hast vermutlich einige Lieblingskunden; Leute, bei denen Du Dich immer freust, wenn sie durch die Tür kommen, Unternehmen, für die Du Dich richtig ins Zeug legst, um ihnen zu helfen, denn – wer hätte das gedacht – Du magst sie und möchtest gute Arbeit abliefern. Und Du möchtest vermutlich nicht, dass Deine anderen Kunden wissen, wer Deine Lieblingskunden sind, oder überhaupt, dass Du Lieblinge hast. Also versuchst Du, das unterm Teppich zu halten. Du versuchst zu garantieren, dass all Deine Kunden bekommen, was sie brauchen, und dass sich niemand ausgeschlossen fühlt.

Ich verstehe das. Wirklich. Du bist ein netter Mensch. Du fühlst Dich unwohl, wenn Du jemanden bevorzugt behandelst, und Du würdest Dich richtig, richtig schlecht fühlen, wenn ein anderer Kunde herausbekommen würde, welche Gefälligkeiten Du Deinen „Lieblingen" zukommen lässt. Doch ich bin angetreten, um Dich von dieser beschämend beschämenden Scham zu befreien! Lieblinge vorzuziehen, ist nichts, wofür Du Dich schlecht fühlen solltest. Es ist einfach ein gutes Geschäft. Und es ist eine unbedingte Voraussetzung für Deinen Erfolg. Aber, sagst Du, Du bist doch ein netter Mensch. Natürlich, aber ist es nicht total nett, sich um die Leute zu kümmern, die sich um Dich kümmern? Denk dran, diese netten Kunden bezahlen Dich.

Lieblinge vorzuziehen, wird vielleicht auf dem Spielplatz nicht so gern gesehen, in Familien und bei Baseball-Schiedsrichtern. Aber für Unternehmen ist das eine Siegerstrategie, denn Deine Top-Kunden *sind* Deine Lieblingskunden, und sie benötigen besondere Behandlung. Wie sonst könnten sie sich besonders *fühlen*? Stell nur sicher, dass Du nicht die Kunden wie Lieblingskunden behandelst, die es nicht verdienen. Kunden, die Deine grundlegenden Top-Kunden-Anforderungen nicht erfüllen.

Selbst wenn Du Deine Kundenliste so bearbeitet hast, dass nur noch Deine Top-Kunden übrigbleiben, kann nicht jeder ein Liebling sein – da liegt das Problem. Wenn Du jeden vorziehst, dann hast Du in Wirklichkeit keinen Liebling, oder? Verdammt, nicht einmal die Hälfte Deiner Kunden können Lieblinge sein. Das ist reserviert für ganz wenige Auserlesene, Baby.

Ich habe einen guten Freund, Tommy Muenich. Ok, er heißt eigentlich nicht Tommy Muenich. Nicht einmal annähernd. Aber er ist wirklich ein guter Freund. Ich weiß, dass ich gesagt habe, ich würde für die echten

Geschichten die richtigen Namen nennen, aber Tommy ist wirklich eingeschlagen – so richtig. Und das Problem ist, dass manche, die so richtig einschlagen, von allen Leuten um Geld gebeten werden. Also hat mir Tommy großzügig genehmigt, seine Geschichte zu erzählen, unter der Voraussetzung, dass ich seine Identität verschleiere. Ich bin nicht sicher, ob „Tommy Muenich" der Name ist, den er sich vorgestellt hatte – vielleicht irgendwas, das ihn gefährlich klingen lässt, wie Bruce Bond oder irgendetwas total Attraktives und leicht Auszusprechendes wie Mike Michalowicz. Sorry, Tommy.

Also, Tommy und ich sind zusammen in einer Mastermind-Gruppe, und bei einem unserer Treffen erzählte er mir, wie er sein Unternehmen vorangebracht hat, um es dann für coole 30 Millionen US-Dollar zu verkaufen. Das hat er teils dadurch geschafft, dass er nur wenige seiner 200 Kunden zu Lieblingen gemacht hat. Wie viele sind wenige? In diesem Falle neun.

„Ich beschloss, mich auf meine zehn Top-Kunden zu konzentrieren, weil zehn eine offensichtliche Zahl ist", erklärte Tommy mir, als ich ihn zu seiner Strategie befragte. „Aber als ich mit meinem Team die Liste durchging, wurde mir klar, dass ich einen dieser Kunden von meiner „Top-Kunden"-Liste entfernen musste – Wal-Mart. Sie kommunizierten schlecht, sie hatten nur Ansprüche und ließen uns keinerlei Flexibilität. So wurden aus meinen Top Ten Top Nine." Obwohl sie ihm über Jahre Millionen eingebracht hatten, schaffte es Wal-Mart nicht auf die Liste.

Nachdem er seine neun Top-Kunden festgelegt hatte, kürte Tommy sie nach allen Regeln der Geschäftskunst zu seiner obersten Priorität. Er machte die Liste im ganzen Haus bekannt und ließ sie über jeden Schreibtisch hängen. Dazu wies er jeden an, die Bedürfnisse dieser Kunden bevorzugt zu befriedigen. Sollte einer der Top-Neun anrufen, wenn er mit einem niedriger eingestuften Kunden telefonierte, sagte er: „Ich habe einen Notfall. Ich muss Sie zurückrufen", legte auf, um den Anruf entgegenzunehmen. Er hörte sich ihre Ideen und Probleme an und modifizierte seine Produkte, um den Top-Neun zu geben, was sie sich wünschten – unterschiedliche Zusammenstellungen, überarbeitete Preise, was immer möglich war.

Der Rest seiner Kunden war schlicht nicht seine oberste Priorität. Nicht einmal Wall-Mart. Das soll nicht heißen, dass er dieses Unternehmen und alle anderen Kunden nicht mit einem hervorragenden Service beliefert hätte, doch wenn einer der neun Top-Kunden seine Aufmerksamkeit brauchte, dann bekam er seine *ganze* Aufmerksamkeit. Doch selbst die übrigen 191 Kunden profitierten vom Trickle-down-Effekt:

Etwas von der Sonderbehandlung erreichte auch sie. Tommy und sein Team wurden effizienter in der Produktion und beim Lösen von Problemen. Wenn er etwas für einen seiner neun Top-Kunden in Ordnung brachte, dann regelte er das für alle, denn all seine Kunden kamen aus ähnlichen Branchen, sodass sie alle davon profitierten.

Als er sein Unternehmen verkaufte, erfanden die Leute, die das Unternehmen kauften, eine neue, „smartere" Regel: „Behandle jeden so, als sei sie oder er der beste Kunde." Tommy blieb noch ein bisschen, um beim Übergang zu helfen. Und an jenem Tag, als die neuen Eigentümer durch die Tür kamen, nahmen sie seine Top-Neun-Liste von der Wand und sagten: „Jeder ist Nummer 1!"

Tommy empfahl ihnen dringend, das nicht zu tun. Er erläuterte ihnen, dass Du nicht jeden zu Deiner Nummer 1 erklären kannst. Er zeigte auf, dass sein Unternehmen genau durch den Fokus auf die Top-Neun so hervorragend dastünde. Doch sie hörten nicht zu.

Durch die Landwirtschaftsbrille betrachtet, heißt, jeden zur Nummer 1 zu machen, in etwa: „Mach aus jedem Kürbis einen Riesenkürbis." Das funktioniert nie. Also, wie glaubst Du, ist das mit der frisch verkauften Firma meines Freundes gelaufen? Schlecht. Sehr, sehr schlecht. In weniger als zwei Jahren waren sie pleite. Sie verloren die 30 Millionen US-Dollar, die sie investiert hatten, plus weitere 5 Millionen US-Dollar, die sie in den laufenden Betrieb gesteckt hatten – durch das Brechen der Pumpkin Plan-Regel: Behandle nur Deine besten Kunden am besten. Es ist genau so einfach.

Wie die besessenen Kürbisbauern, die ihren preisverdächtigen Exemplaren Musik vorspielen und das gigantische Teil mit selbstgebauten Zäunen beschützen, vor denen Wachhunde sitzen, so musst Du Dich um Deine Top-Kunden bemühen. Diese Typen laufen nicht herum und versuchen, all die anderen Kürbisse auf ihrem Feld mit der gleichen Sorgfalt zu hegen. Sie sind total fixiert in ihrer Herangehensweise, verwöhnen den Riesenkürbis mit allem, was er annähernd brauchen könnte, um einen so großgewachsenen zu ziehen, dass er den Weltrekord brechen kann.

Ich sage nicht, dass Du all Deine übrigen Kunden ignorieren oder sie schlecht behandeln sollst. Ganz grundsätzlich solltest Du niemals an der Qualität Deines Produkts oder Deiner Dienstleistung sparen. Das ist schlecht fürs Geschäft. Aber entwickle für Deine Top-Kunden eine spezifische Herangehensweise. Stelle sie an erste Stelle. Lass alles für sie fallen. Unterbrich Meetings, um ihre Probleme zu lösen. Erfinde neue und bessere Möglichkeiten, sie zu bedienen. Ahne ihre Bedürfnisse voraus.

Gib ihnen erste Testversionen neuer Produkte oder Dienstleistungen. Schaffe Raum für ihre besonderen Wünsche. Und, was das Wichtigste ist: Tu, was Du kannst, um ihnen zu ihrem Erfolg zu verhelfen. Konstruiere Systeme, um ihre Bedürfnisse zu befriedigen. Gar nicht so zufällig werden auch andere Kunden mit ähnlichen Bedürfnissen in Scharen zu Dir kommen. Ganz schön cool.

Die übrigen „gewöhnlichen" Kunden werden von diesem Vorgehen profitieren. Die Verbesserungen, die Du für Deine besten Kunden einführst, werden unvermeidlich auch den übrigen Kunden zugutekommen. Und wer weiß, einer dieser gewöhnlichen Typen kommt vielleicht auf die Überholspur oder passt auf andere Art plötzlich ins Programm. Wenn das passiert, hast Du einen neuen Top-Kunden gefunden.

Eine wichtige Regel mit Blick auf Kunden, von der ich *nicht* möchte, dass Du sie brichst, ist: Sag ihnen niemals, dass sie VIPs sind. Du möchtest, dass Deine Top-Kunden denken, dass die Art und Weise, wie Du sie bedienst, einfach der Unternehmensstandard ist. Wenn sie denken, dass Du all diese großartigen Dinge nur für sie tust, weil Du ihnen gesagt hast, dass sie Deine absolut dicksten Freunde sind, glauben sie vielleicht, dass Du es nicht für andere tun *kannst*. Schlimmer noch: Sie beginnen vielleicht, Dich auszunutzen. Wenn Du Deinen VIPs nichts von ihrem Status erzählst, passiert das Folgende, was ziemlich cool ist: Wenn ein VIP glaubt, dass die Art und Weise, wie Du ihn behandelst, der Standard ist, wie Du all Deine Kunden behandelst, dann ist es recht wahrscheinlich, dass Du Systeme einführst, um sicherzustellen, dass das auch stimmt.

Der Kunde hat *nicht* immer Recht

Eines der übelsten Trugschlüsse im Business ist der alte Spruch: „Der Kunde hat immer Recht." Halte für einen Augenblick inne und denk darüber nach, was das für *Dich* in Wirklichkeit *bedeuten* würde, wenn es wahr wäre. Wenn „der Kunde" (Übersetzung: *Jeder, der mit Dir ins Geschäft kommen möchte*) immer Recht hat, wie könntest Du sie alle gut bedienen? Vielleicht könntest Du einige glücklich machen. Aber wenn Du versuchst, all Deine Kunden – die Besten, die Schlechtesten und alle dazwischen – gut zu versorgen, dann verzettelst Du Dich völlig. Du verausgabst Dich, um alle zufriedenzustellen, was ohnehin ein unerreichbares Ziel ist. Dir passieren wiederholt Fehler und Du enttäuschst die Leute. Du versuchst, alle Teller in der Luft zu halten, Leute. Alle Teller in der Luft.

Was schlimmer ist: Wenn Du an dieser „Der-Kunde-hat-immer-Recht"-Haltung festhältst, wirst Du unweigerlich einen Deiner Top-Kunden verärgern. Während Du etwas für einen anderen Kunden „richtig" gemacht hast, warst Du abgelenkt, die Wünsche Deines Top-Kunden zu erfüllen. Und das geht gar nicht. Also lass uns diesen alten Standard modifizieren und die Aussage zu einer wahren Aussage machen:

Der Kunde hat NICHT immer Recht, aber ...

Der richtige Kunde HAT immer Recht.

Wenn Du Deine Unverbrüchlichen Gesetze festgelegt und Deinen Bewertungsbogen ausgefüllt hast, solltest Du eine recht gute Vorstellung davon haben, wer Deine Top-Kunden sind und was sie gemeinsam haben. Diese, Deine vielversprechendsten Kunden, sind die „richtigen" Kunden – und deshalb haben sie das Recht, Recht zu haben ... immer. Sie bekommen (fast) alles, was sie wollen, weil sie nun Dein wichtigster Fokus sind. Du möchtest all die Dinge herausfinden, die Du für sie tun kannst, denn dies wird Dich in ihren Augen als deutlich bessere Alternative dastehen lassen, als es sich Deine Konkurrenz erträumen kann.

Zum Glück sind Deine Top-Kunden einander sehr ähnlich. Ich könnte darauf wetten, dass sie alle etwas sehr Ähnliches wollen, dass sie mit Dir auf sehr ähnliche Art und Weise kommunizieren und dass sie recht ähnliche Erwartungen haben. Und weil sie Deine Unverbrüchlichen Gesetze teilen, sind sie auch Dir vermutlich ziemlich ähnlich. Das ist offensichtlich. Das hast Du drauf. Du kannst die „Der-Kunde-hat-immer-Recht"-Strategie vollkommen einsetzen, wenn Du nur mit den richtigen Kunden arbeitest.

Du denkst vermutlich: „Was ist, wenn meine anderen, nicht-priorisierten Kunden auch Recht haben wollen?" Na, zunächst einmal, *wollen sie* Recht haben. Jeder möchte immer Recht haben, das bekommen, was man möchte, und sich wichtig fühlen. Doch Dein Fokus liegt auf Deinen Top-Kunden – nicht nur, weil Du sie zufrieden sehen willst; nicht nur, weil Du die Beziehungen pflegen und vertiefen möchtest, sondern auch, weil es Dein Ziel ist, *mehr* Kunden zu bedienen, die so sind wie sie. Du willst ihre Doppelgänger (aber nicht diese gruseligen aus den Horrorfilmen), damit Du Deine Top-Kunden-Liste ausbauen kannst. Du möchtest weitere Menschen und Firmen gewinnen, die Deinen Anforderungen entsprechen, Kunden, die verstehen, worum es Dir geht, und die das Potenzial haben, zu großen rekordverdächtigen Kürbissen zu wachsen.

Betrachte Dein Unternehmen als einen Verein mit Mitgliedschaften. Alle erfolgreichen Organisationen haben Regeln zur Aufnahme in den Verein. Du musst Absolvent *dieser* Uni sein oder Du musst *so und so oft* mitmachen oder Du musst *diese* Gebühren zahlen. Sie tun, was sie können, um die Mitgliedschaft zu beschränken und die falschen Leute auszuschließen. Du musst Deine eigenen Regeln aufstellen, Deine Kunden auszusortieren – aber lass sie Deine Liste nicht sehen. Die Regeln sind nur für Dich und Dein Team bestimmt.

Versprich weniger als Du lieferst

Das ist das Mantra, nach dem ich leben – und auch Du solltest dies tun. Und weil die meisten Leute das nicht tun, bietet Dir das „Weniger-versprechen-als-Liefern" (WvaL) einen großen Vorteil im Vergleich zu, hm, fast jedem.

Du glaubst nicht, dass eine solch einfache Regel einen so großen Einfluss haben kann? Denk einfach an die letzten paar Male, als Du Dich verabredest hast; das ging irgendwie so:

„Wir treffen uns heute um 14.30 Uhr im Café. O.k.?"

„Alles klar. Bis nachher."

Es wird 14.30 Uhr, aber keiner kommt. Du sitzt im Café und wartest. Gegen 14.35 Uhr klingelt Dein Handy. „Es tut mir leid. Ich verspäte mich." (Ach, echt.) „Ich stehe im Stau, mein Bürogebäude wurde von Justin-Bieber-Fans belagert und ein Lavastrom wälzt sich unsere Straße herunter ... Ich komme in einer Viertelstunde."

Du bist sauer. Dein Kollege hat zu viel versprochen (14.30 Uhr) und dann zu wenig geliefert (14.45 Uhr). Aber, halt: Es wird noch schlimmer.

Was passiert um 14.45 Uhr? Nix und wieder nix. Nur dass Du dieses Mal nicht einmal einen Anruf bekommst.

Dein Kumpel taucht so gegen 14.55 Uhr auf. Er schwitzt, aber es ist kein Justin-Bieber-Fan-Shirt in Sicht, er trägt keine durch Lava versengten Schuhe. Dein Kumpel hat einfach bloß wieder mehr versprochen als geliefert, und Du bist sauer. Ich kann Dir garantieren, dass Du kürzlich mit irgendwem eine derartige Weniger-geliefert-als-versprochen-Erfahrung hattest und dass Du enttäuscht warst, sauer oder richtig wütend. Das passiert häufig.

Und so hätte es sich abgespielt haben können, wenn Dein Kumpel WvaL praktizieren würde: Ihr habt Euch für 14.30 Uhr verabredet. Um 9.00 Uhr morgens ruft er an, um zu sagen, dass er sich verspäten wird (er ist immer spät dran) und dass er erst um 15.00 Uhr kommt. Du bist kurz angefressen, aber zumindest hat er Dir Bescheid gegeben, und Du kannst andere Dinge erledigen, bevor Du ins Café gehst.

Doch die Sache ist die: Dein Kumpel rechnet damit, dass er um 14.30 Uhr da sein wird. Er hat weniger versprochen und geht davon aus, mehr zu liefern. Wenn er dann also tatsächlich in den Stau gerät und von kreischenden Bieber-Fans aufgehalten wird, hat er kein Problem. Er käme schließlich um 14.55 Uhr. Und wenn Du dann pünktlich um 15.00 Uhr eintriffst, sitzt er schon da mit einem heißen Kaffee und wartet auf Dich. Beeindruckend!

In beiden Szenarios ist das Ergebnis das gleiche, aber die Erwartungen waren unterschiedlich. Im ersten Szenario bist Du sauer. Im zweiten Szenario bist Du begeistert. Und der einzige Unterschied lag in WvaL.

Wenn Du wenig versprichst oder die Konditionen leicht verändern musst, wird Dein Kunde etwas enttäuscht sein. Du versprichst ihm nicht die Welt – aber wenn Du das richtig überbringst, dann ist diese kleine Enttäuschung nur von kurzer Dauer und nicht schwerwiegend. Ich nenne dies den Enttäuschungsfaktor. Aber Du kannst ihn überwinden, wenn Du Deine Kunden mit WvaL überwältigst – Du versprichst, um 15.00 Uhr da zu sein, triffst aber schon um 14.55 Uhr ein. Du wartest mit einem Kaffee und einem Lächeln.

Dieses Verspätungsszenario passiert jeden Tag, jede Minute – und es nervt. Es ist mein Lieblingsnervthema. Ich verspreche immer, *immer* weniger, als ich liefere. Und jetzt hast Du eine Strategie, das Gleiche zu tun und Deine Kunden zu beeindrucken. Verpflichte Dich dazu, weniger zu versprechen („Ich bin um 15.00 Uhr da") und mehr zu liefern (um 14.55 Uhr da sein), und Du wirst jeden total beeindrucken.

Du bist vermutlich daran gewöhnt, überfordert zu sein. Wie könnte es anders sein, mit all diesen Kunden und dem unendlichen Kreislauf von Verkaufen-Liefern? Wie gut ihre Vorsätze auch immer sein mögen, egal wie sehr sie sich vorgenommen haben, ihre Versprechen zu erfüllen, überforderte Unternehmer versagen im entscheidenden Moment.

Vielleicht verpasst Du Deadlines. Vielleicht nimmst Du eine Abkürzung, um die Deadline zu schaffen, und lieferst etwas ab, das nicht perfekt ist. Vielleicht machst Du Fehler, weil Du zu erschöpft bist, um Dein Bestes zu geben. Oder vielleicht kommst Du einfach immer eine halbe Stunde zu spät. Was auch immer der Grund sein mag, für Deine Kunden ist dies nicht akzeptabel. Sie sind verärgert.

Die meisten Unternehmer, die zu kämpfen haben, ringen um Geld und Zeit. Und weil Du in der Vergangenheit (vor dem Pumpkin Plan) nahezu jedem die Zusammenarbeit zugesagt hast, könnte ich darauf wetten, dass auch Du zu kämpfen hast. Nun nicht mehr. Du hast Dich der nervigen, blöden Kunden entledigt, die Deine Zeit und Ressourcen gestohlen haben. Du hast Dich dazu verpflichtet, Deine Top-Kunden zu verwöhnen. Du bist aus dem Hamsterrad gehüpft und hast aufgehört, nahezu jeden Job anzunehmen, der vorbeikam. Du bist so weit. Du kannst das. Du kannst Deine Kunden mit frühem Fertigstellen beeindrucken und mit Zusatzarbeiten, die sie nicht erwartet haben. Und sie *werden* beeindruckt sein.

Die Weniger-versprechen-mehr-liefern-verwöhn-Strategie könnte kaum einfacher sein, und sie ist leicht umzusetzen. Sie funktioniert in allen Branchen. Hier sind ein paar Beispiele (und Tipps), die Du ausprobieren kannst.

1. Wenn ein Kunde nach einer Zeitschiene fragt, überschlage, wie viel Zeit Du benötigst, um das Projekt abzuschließen, und packe dann einen Puffer von zehn Prozent obendrauf. Das können eine paar Tage sein, eine Woche oder sogar ein Monat. Schau Dir die Vergangenheit an, um zu kalkulieren. Du hängst normalerweise einige Stunden hinter dem Zeitplan oder brauchst für gewöhnlich zwei weitere Wochen, um ein Projekt zu beenden?

Wenn Du Produkte verkaufst, schätze Deine Lieferzeiten so ab, dass Du ausreichend Zeit hast, die Bestellung zu verarbeiten und etwaige Lieferverzögerungen zu berücksichtigen. Das funktioniert nochmal so gut, wenn Dein Innovationsbereich Tempo und Effizienz beinhaltet. Kannst Du Dir eine Mietwagenfirma vorstellen, die Dir verspricht, das Auto fünf Minuten nach Deinem Eintreffen parat zu haben (ganz schön gut), und es Dir dann innerhalb einer Minute vorfährt (heiliges Kanonenrohr, das ist schnell. Zappos, der mittlerweile berühmte amerikanische Online-Schuhladen (der auch anderen Kram verkauft), wurde so richtig erfolgreich, weil er die Bestellung weit schneller ausführte als versprochen. Dadurch kam eine Menge „Wows" von erfreuten Kunden, die das Gefühl bekamen, dass jemand sich wirklich Mühe gegeben hatte, um sie zufriedenzustellen.

2. Wenn ein Kunde nach einem Produkt oder einer Dienstleistung fragt, bau ein kleines Extra ein. Angenommen Du bist Privatkoch, bereite ein Extra-Dessert vor (und behalte dies im Kopf, wenn Du Deinen Preis anbietest, damit Du nicht in die Situation kommst, Deinen Gewinn an ein Erdbeer-Parfait zu verlieren). Julie Anderson, eine Kostümdesignerin, die ich in „Not macht erfinderisch – der Klopapier-Unternehmer" vorgestellt habe, packt immer noch eine extra Krone mit ein oder eine Tasche oder

ein Paar Schuhe, wenn sie Mietkostüme ausliefert. Nur für den Fall, dass ihre Kundinnen eine Alternative ausprobieren möchten ... und zwar kostenfrei. Gib Deinen Kunden zusätzliche zwanzig Minuten beim Coaching-Telefonat. Erledige Recherche für sie. Pack ein paar zusätzliche Rosen ins Bouquet. Behalte im Kopf, dass Du dies mit einplanst, damit Du die Zeit und das Geld hast, diese Mehr-Lieferung zu finanzieren.

Der Schlüssel zum erfolgreichen Einsatz von MLaV liegt darin, diese Strategie bewusst willkürlich einzusetzen. Liefere mehr als versprochen in 90% der Fälle, die übrigen 10% werden genau pünktlich erledigt – was zu Hoch-Zeiten von allein passiert. Manchmal fließt eben doch Lava durch die Straßen. Pompeji, Leute! Pompeji.

Die Meister des Prozesses werden die Arbeit weit vor der Deadline erledigen und haben dann noch das Vergnügen, zu wissen, dass alles fertig ist. Erinnerst Du Dich an diese Zeit? Keine Panik. Keine Hektik. Keine Ausraster. Das hattest Du vielleicht seit Deinen sorglosen Kindertagen nicht mehr. Und jetzt ist das wieder da. Und es wird die Welt Deiner Kunden rocken. Erwartungen zu managen und sie dann zu übertreffen, ist die Formel für superzufriedene, lebenslange Kunden. Es ist eine weitere dicke fette Kerbe in Deinem Revolver.

MLaV erlaubt es Dir zudem, Dich selbst zu schützen, wenn Dein Kunde seine Wünsche ändert, nachdem Du das Projekt bereits begonnen hast. Wenn Du das Projekt deutlich vor der Zeit abgeschlossen, aber noch nicht beim Kunden abgeliefert hast, Dein Kunde Dich jedoch mit einer neuen Vorgabe kontaktiert, dann kannst Du ihm schlicht sagen: „O, ich war gerade im Begriff, Dich zu überraschen. Ich habe das Projekt nämlich schon fertig. Hier, schau." Auf diesem Wege musst Du die Arbeit nicht neu angehen, es sei denn, Du verhandelst die Veränderungen neu.

Denk daran, Du wirst letztlich an Deinen Taten gemessen, nicht an Deinen Worten. Wenn Du also weniger versprichst und mehr lieferst, dann darfst Du dies nicht konstant machen. Erfüll Dein Versprechen gelegentlich genau auf den Punkt (mit anderen Worten, liefere das Versprochene), aber übererfülle die meiste Zeit. Wenn Du immer mehr lieferst, werden die Leute das erwarten, und dann bist Du nicht mehr in der Lage, mehr zu liefern – selbst wenn Du weniger versprochen hast – und die Leute sind angefressen.

Die geheime Zutat nicht verstecken

Es gibt noch eine weitere Regel, die Du brechen solltest: „Versteck die geheime Zutat." Es war einmal, da nahmen die Unternehmen an, dass sie die Geheimnisse ihres Vorgehens hüten müssten, als seien sie Militärgeheimnisse. Das war klug, denn in der alten Zeit konnte Dich niemand kopieren, wenn Du Dich selbst in Geheimnisse gehüllt hast. Damit hattest Du einen Schlüsselvorteil gegenüber allen anderen.

Doch heute, Dank des großen Gleichmachers, den wir als Internet kennen, ist alles, was jemand über irgendwas wissen möchte, da draußen innerhalb weniger Klicks zu finden. Und ich meine wirklich alles (offenbar sogar Militärgeheimnisse). Kürzlich war ich bei einem Treffen meiner alten College-Bruderschaft. Vor der Veranstaltung wurde mir klar, dass ich vergessen hatte, wie das jahrhundertealte, Top-secret-Händeschütteln ging und wie das Passwort lautete, das niemand in der Bruderschaft aufschrieb (aus Angst, dass es gestohlen werden könnte). Ich dachte, zum Teufel, ich google das einfach. Und ich fand nicht nur ein Dokument dazu, ich entdeckte sogar ein Video, auf dem der Ablauf des Händeschüttelns gezeigt wurde! Ist denn nichts mehr heilig?

Was also bedeutet das für Dich? Es bedeutet, dass Deine Klientin einen Überschalljet bauen kann, wenn sie möchte. Wenn Dein Klient die besten Cupcakes des Planeten backen möchte, dann kann er das. Wenn Deine Kunden herausfinden möchten, wie sie ihre Computer selbst reparieren können, dann können sie das. Die Infos sind alle da.

Du bist nicht länger der Hüter des Geheimrezepts. Du bist derjenige, der es ausführt. Du tust es für sie. Du machst es leichter. Du sparst ihnen Zeit. Du besorgst die besten Zutaten und bereitest sie auf eine Art und Weise zu, dass es eine wahre Freude ist. Du garantierst, dass Du am besten geeignet bist, tatsächlich diesen Überschalljet zu bauen, die Cupcakes zu backen oder die Computer zu reparieren – auch dann, wenn Deine Kunden selbst den Zugang zum einschlägigen Wissen haben.

Wir leben in einer Welt mit einer gegen null gehenden Aufmerksamkeitsspanne. Wir sind alle so überwältigt vom Leben, dass wir nach einfachen Lösungen suchen, nach Leuten, die Dinge für uns erledigen, die manchmal sogar für uns *denken*. Schau Dir bloß einmal diese riesige Outsourcing-Kiste an, die wir New York nennen. Von der Kindererziehung, übers Hunde-Ausführen, bis zum *Liefern* von Fast Food (wer hat in New York schon die Zeit, selbst an der nächsten Ecke Fast Food zu besorgen?) – das Leben in New York ist Outsourcing. New York ist das rasende Herz der USA, die extreme Ausgabe der übrigen Amerikaner.

Die meisten Leute wollen die Dinge nicht selbst machen – das dauert zu lange. Wir sind beschäftigt. Wir sind gestresst und überfordert und überfrachtet mit Informationen. Die Leute wollen zum Schalter vorfahren, ihre Bestellung aufgeben und innerhalb von fünf Minuten (oder weniger) das Abendessen serviert bekommen. Sie wollen, dass ihre Kinder erstklassige Bildung erhalten, aber könnten ihnen Algebra auch dann nicht beibringen, wenn sie sich noch so anstrengten. Sie werden es also kaum ausnutzen, wenn Du bereit bist, zu helfen, und dabei transparent vorgehst.

Dabei musst Du Dich nicht dämlich anstellen. Du solltest die Dinge, die Deiner Konkurrenz helfen, nicht öffentlich machen. Teile nicht Dein gesamtes Wissen. Teile lediglich das Wissen, das verdeutlicht, wie viel Du weißt.

Stelle die Liste der vormals geheimen Zutaten für die ganze Welt zugänglich auf Deine Webseite (Du brauchst allerdings nicht das vollständige Rezept rauszurücken). Poste sie auf YouTube. Erstelle einen Flyer. Und halte einen Vortrag zum Thema. Oder schreibe ein Buch. (Ich sag ja gar nicht, ich sag ja nicht, ... Na gut, ich helfe Unternehmen, den Pumpkin Plan für sich zu nutzen. Und das Buch enthält das gesamte Rezept – und doch engagieren viele Unternehmer und Unternehmen meine Firma, damit wir ihnen beim Umsetzen helfen.) Du beweist Deinen Kunden damit, dass Du weißt, was Du tust. Es zeigt ihnen, worin Du Dich im Vergleich zu anderen unterscheidest. Und es gibt ihnen die Sicherheit, Dich auszuwählen, weil sie wissen, was Du weißt. (Geheimnisse machen die meisten Leute nervös. Guck an.) Klar, manche Leute entschließen sich dazu, Deine Informationen zu nehmen und die Dinge selbst zu erledigen. Doch die meisten Leute haben wirklich keine Zeit zum Selbstmachen – besonders dann, wenn sie ihr eigenes Unternehmen und ihr eigenes Leben zu führen haben. Paradoxerweise ist es so, dass ich umso mehr Kunden bekomme, je mehr Informationen ich veröffentliche. Ich baue dadurch Vertrauen auf, dass ich mein Wissen und meine einzigartige Perspektive teile. (Du erinnerst Dich an die Unverbrüchlichen Gesetze und den Innovationsbereich?) Wir wollen, dass diejenigen, die die Dinge selber erledigen, uns vertrauen, und von den Outsourcing-Fans wollen wir, dass sie uns engagieren.

Also, mach es öffentlich, denn Deine aktuellen Kunden und potenziellen Kunden werden die Dinge auch so herausfinden. Wenn sie es zuerst von Dir hören, vertrauen sie Dir zuerst ... ein *großer* Vorteil. Ein Pumpkin Plan-Vorteil.

Man braucht bloß ein Kilo, um den Weltrekord zu brechen

2009 stellte Christy Harp aus Ohio den neuen Weltrekord für den größten je gezüchteten Kürbis auf. Er wog 782,45 kg! (Google Christy, dann kannst Du das Foto sehen. Sie steht hinter dem Kürbis, sodass Du ihren Unterkörper nicht sehen kannst. Ernsthaft, sie sieht aus, als könnte sie in einem Film über rätselhafte Krankheiten mitspielen oder den Umschlag eines Buches über medizinische Auffälligkeiten zieren. „Wild wuchernder Kürbis-Tumor"!) Während ich dies niederschreibe, hält Christy nach wie vor den Weltrekord, aber schon im nächsten Oktober könnte sich das ändern. Weißt Du, Christy schlug den vorhergehenden Weltrekordhalter Joe Jutras von Rhode Island bloß um etwas mehr als 16 kg. Sein Kürbis zwei Jahre zuvor wog etwas über 766 kg.

Man braucht nicht viel Zusatzaufwand, um den Weltrekord zu schlagen. Selbst ein Kilo reicht. Und es braucht nicht viel Aufwand, damit all Deine Kunden Dich als ihren großartigen Weltklasse-Anbieter sehen. Selbst wenn Du nur *dieses kleine bisschen* besser bist als alle anderen ... dann bist Du besser als alle anderen. Und Du bekommst alle Auszeichnungen. Nur ein paar Verbesserungen in Deiner Herangehensweise, Deinem System, Deinem Produkt oder Deiner Dienstleistung könnten ausreichen, ihre Aufmerksamkeit zu erhalten. Ich sage das, weil ich nicht möchte, dass Du im Versuch stecken bleibst, einen ausgefuchsten Plan zu erarbeiten, um Deine Schlüsselkunden zu beeindrucken. Wir sind hier nicht in Vegas, Baby. Du brauchst keine Tanzpuppen oder Wasserspiele. Du musst bei der Lösung der Probleme Deiner VIPs lediglich ein bisschen besser, ein bisschen hilfreicher und ein bisschen kreativer sein.

Jeder Gewinner von olympischem Gold ist bloß ein bisschen besser als der Gewinner der Silbermedaille. Und wenn Du Dir anschaust, wie die Leistungen der Spitzensportler verteilt sind, dann siehst Du häufig, dass der Goldmedaillengewinner auch nur ein paar Punkte vor dem Letztplatzierten liegt. Als der Schwimmer Michael Phelps bei den Olympischen Spielen 2008 in Peking beim 4 x 100 Meter Freistil zum Einsatz kam, hatte er bereits sieben Goldmedaillen gewonnen. Auf der Hälfte der 100 Meter Schmetterling war er ziemlich weit hinten, kam als Siebter in die Wende. Er beschleunigte, holte den Ersten ein, aber jeder – selbst seine Mutter – war völlig baff, als er gewann. Er gewann die achte olympische Goldmedaille in Folge – und schlug damit den Weltrekord von Mark

Spitz, der sieben Goldmedaillen in einer Olympiade gewonnen hatte – mit bloßen 0,01 Sekunden.

Und wie hat er das geschafft? Er streckte die Hand aus und schlug vor dem anderen den Beckenrand an. Ein Handschlag machte den Unterschied zwischen Gold und Silber – 0,01 Sekunde. (Ok, technisch gesehen war dies ein halber Zug, aber für mich sah es definitiv aus wie ein Handschlag.)

Vermutlich kennst du den Namen Michael Phelps. Kennst Du den Namen des anderen Typen? Des Typen, der zweiter wurde, weil Michael Phelps nicht viel mehr gemacht hat, als abzuklatschen? Hatte ich auch nicht erwartet.

Bloß ein bisschen besser und die Keksdose gehört Dir. Ein bisschen schlechter und Du wirst „dieser andere Typ", an den sich niemand erinnern kann.

Beeindruckend heißt, nur ein Kilo schwerer oder eine Sekunde schneller als alle anderen zu sein. Und es ist nicht schwer, Deinen Weg beeindruckend zu gestalten. Für den Augenblick gehst Du das Leichte, die einfache Sache an. Tu das, was Du *genau jetzt* tun kannst. Dann hast Du Deinen Kürbis um jede Menge Kilos wachsen lassen… einfach. Während Dein Konkurrent seine Projekte in der Regel innerhalb von fünf Tagen abarbeitet, erledigst Du dies in vier. Während Dein Konkurrent eine superscharfe Sauce hat, kreierst Du eine super*super*scharfe. Während Dein Konkurrent eine Zehnjahresgarantie anbietet, gibst Du zwölf.

Du brauchst keinen Kürbis zu züchten, der so groß ist wie ein Haus, um den Weltrekord zu schaffen. Du brauchst bloß ein Kilo.

Der Arbeitsplan

30 Minuten (oder weniger) Action

1. Entwickle eine „Politik der Lieblingskunden". Ich lasse für meine Lieblingskunden alles stehen und liegen. Ich nehme Anrufe meiner Top-Kunden auch dann entgegen, wenn ich bereits mit einem anderen Kunden aus einer niedrigeren Hierarchiestufe telefoniere. Nimm Dir einen Augenblick Zeit, um Dir zu überlegen, wie Dein Unternehmen die Gruppe Deiner Schlüsselkunden als VIPs behandelt. Mache diese Strategie Deinem Team glasklar und beginne sofort mit der Umsetzung.

2. Automatisiere die Weniger-versprechen-als-liefern-Strategie. Wenn Du Dir Deine aktuellen Produkte oder Dienstleistungen anschaust: Wie könntest Du mit dem geringsten Enttäuschungsfaktor „weniger versprechen"? Dann arbeite heraus, wie Du „mehr liefern" kannst. Mit welchem kleinen Extra könntest Du Deine Kunden beeindrucken? Schau Dir die Services an, die Du regelmäßig anbietest, und entwickle eine neue Zeitschiene, die es Dir ermöglicht, weniger zu versprechen.

Der Pumpkin Plan in Deiner Branche – Produktion

Angenommen, Du besitzt eine Brauerei – ja, ich weiß, ein Traum wird wahr, aber ich möchte, dass Du das Bier *wegstellst* und Dich konzentrierst. Wie wollen den Pumpkin Plan in Deiner Branche einsetzen.

Du braust Dein Bier in einem mittelgroßen Gebäude und Du hältst einen kleinen Marktanteil am regionalen Markt der Mikrobrauereien, der hart umkämpft ist. Du möchtest den Hauptvertriebspartner dazu bewegen, dass er Dein Bier voranbringt. Doch er verdient sein Geld damit, all die großen Namen zu verkaufen, so musst Du das Einzige tun, was Du tun kannst, um die Aufmerksamkeit Deines Vertriebspartner zu bekommen, obwohl Du ohnehin nur eine schmale Marge hast – Du senkst Deine Preise. Am Anfang erhältst Du auch mehr Aufträge und hast mehr zu tun denn je – es kommt nicht viel Gewinn rein, aber Du bist der Meinung, dass am Ende alles gut wird.

Abgesehen von diesem kleinen Problem: Du kannst Deine Preise nicht *weiter* drücken. Dafür ist einfach kein Platz mehr. Als also fünf Deiner Konkurrenten ihre Preise erneut senken, bist Du raus. Plötzlich sind die neuen Kunden weg, der Vertriebspartner kündigt und Du hast bloß noch ein paar alte Restaurants und Bars, die Dir die Treue halten, und jetzt einen niedrigeren Preis für das gleiche Bier zahlen.

Also beschließt Du, den Pumpkin Plan in Deinem Unternehmen einzusetzen. Zuerst füllst Du Deinen Bewertungsbogen aus, um Deine Top-Kunden zu identifizieren. Da all die neuen, Angebote jagenden Kunden weg sind, musst Du wirklich niemanden feuern, also konzentrierst Du Dich darauf, Deine besten Kunden besser kennenzulernen.

In der Regel verlässt Du Dich darauf, dass Deine Restaurants Deine Produkte vermarkten, weshalb Du keine besondere Beziehung zu Deinen Kunden hast. Wenn Du sie also anrufst und fragst, ob sie sich mit Dir treffen, freuen sie sich. Als Du sie interviewst, stellst Du fest, dass sie richtige Fans von Deinem Bier sind, aber dass sie sich wünschten, Deine Branche würde enger mit ihnen zusammenarbeiten, um exklusive Biere nur für ihre Restaurants zu entwickeln.

Du gehst zu Deinem Team und Ihr besprecht diese kleine Information. Gemeinsam stellt Ihr fest, dass dies perfekt zu Euren Vorlieben passt. Eure Top-Kunden wollen mit Euch exklusive Biere entwickeln, Ihr liebt es, neue Geschmacksrichtungen auszuprobieren – und Ihr seid so richtig gut darin. Und wenn Ihr einmal ein neues Bier *entwickelt* habt, ist es leicht für Euch, das wieder und wieder zu produzieren. Daher gehst Du mit Deinem neuen Kooperationsprogramm erneut zu Deinen Top-Kunden und fragst sie nach ihrer Meinung. Sie machen weitere hilfreiche Vorschläge, Du verbesserst das Programm, und als sie sagen: „Wann können wir anfangen?“, weißt Du, dass Du auf etwas gestoßen bist.

Innerhalb von sechs Monaten entwickelst Du fünf neue Biersorten – eine für jeden Deiner Top-Kunden. Deine Kunden sind begeistert. Sie hatten Spaß am Entwicklungsprozess und können es gar nicht fassen, dass sie jetzt ihr *eigenes* Bier verkaufen. Deshalb vermarkten sie ihr Bier, und bald schon verkaufst Du mehr von Deinem neuen Bier als von Deinen alten Sorten. Also fährst Du die Produktion der anderen Sorten mit der schlechten Marge herunter und sparst die entsprechenden Kosten.

Dann passiert etwas, dass Du Dir niemals hättest vorstellen können. Deine Bierbestellungen der Restaurants steigen um 400 Prozent. Du fragst Dich warum? Die Restaurants räumen Deinem Bier nicht nur einen Ehrenplatz auf ihren Speisekarten ein, sie legen es ihren Kunden auch nahe, Six-Packs für zuhause mitzunehmen. Ein Restaurant hat seine Speisen und Dein Bier aufeinander abgestimmt. Großartig! Früher war es Bier (oder Wein) zum Essen .... Und dieses Restaurant macht das genaue Gegenteil mit dem von Dir für sie exklusiv produzierten Bier.

Mit der Zeit findest Du heraus, wie Du diesen Kooperationsprozess systematisch anlegen kannst, der es Dir ermöglicht, mit Restaurants im ganzen Land zusammenzuarbeiten, um für deren Kunden exklusive Biere zu entwickeln. Du führst eine Kooperationsgebühr ein und teilst die Einnahmen mit Deinen Top-Kunden.

Weil Du den Prozess beherrschst, hast Du den Ruf eines hervorragenden Kooperationspartners, und jetzt erreichen Dich Anfragen von Restaurants aus anderen Ländern – von Event-Planern, die für ihre größten Partys nach etwas Besonderem suchen, von Unternehmen, die nach spannenden Incentives suchen. Du produzierst exklusive Biere, um Kinofilme zu promoten. Du hast Vereinbarungen mit großen Restaurantketten. Du bist das Unternehmen, zu dem man geht, wenn man ein eigenes Bier für ein Lokal oder ein Event haben möchte – und Du hast dieses wachsende Bankkonto als Beweis dafür.

Kapitel 8: Der Wunschzettel

Erinnerst Du Dich an John Shaw, den Solar-Typen aus Colorado? Wie Du weißt, ist John ein gigantischer, Solaranlagen installierender Pumpkin Planer in einem wirklich und wahrhaftig gesättigten Markt. Sein Unternehmen ging durch die Decke (Wortspiel ist beabsichtigt), als er damit aufhörte, solare Warmwasseraufbereitung zu installieren – und damit effektiv Kunden aussortierte, die – ohne eigenes Dazutun – seine Zeit über die Maßen beansprucht hatten *und* seine Gewinnspanne verkleinerten. Doch das war noch nicht das Ende von Johns unglaublicher Wachstumsphase. John brachte sein Unternehmen zu ungeahnten Höhen, als er herausfand, was seine potenziellen Kunden am allermeisten frustrierte … und das Problem dann anging.

John wusste, dass es in Durango zwei verschiedene staatliche Förderprogramme für den Wechsel zu Solarenergie gab. Diese Programme brachten den Kunden Einsparungen von etwa 6.000 US-Dollar bei einer Gesamtinvestition von rund 25.000 US-Dollar. Er wusste, dass viele potenzielle Kunden Solarmodule installiert haben wollten, aber dass sie es einfach deshalb nicht stemmen konnten, weil sie nicht genügend Cash hatten.

John hörte seinen aktuellen und potenziellen Kunden aufmerksam zu, fragte nach, bemerkte den Frust mit Blick auf seine Branche und begann dann die Dinge auszuloten. Er hatte schon länger die Entwicklung anderer Solarunternehmen in anderen Teilen des Landes verfolgt, wo Sonnenenergie noch weitere verbreitet war. Nach ein bisschen Recherche stellte er fest, dass einige Solarunternehmen im Norden Kaliforniens ihr Wachstum über die reichsten Bevölkerungsgruppen hinaus darauf gegründet hatten, dass sie Solarenergie auch für Menschen ermöglichten, die es sich normalerweise nicht hätten leisten können. John beschloss, dies für Colorado zu testen.

Hier ein bisschen Kürbisfarm-Zauberei: Wenn es bei anderen Kürbisbauern funktioniert, dann funktioniert es nahezu immer, auch bei Dir. Und wenn es bei Dir einmal funktioniert, dann funktioniert es auch fast immer ein zweites Mal. John verstand dies. Und als er feststellte, dass die staatliche Förderung die Arbeit in einem anderen Markt finanzieren konnte, war er davon überzeugt, dass es auch in seinem Markt laufen würde. Das brauchte gar nicht so viel Hirnschmalz.

John hatte rund 50.000 US-Dollar an Rücklagen, und ihm wurde klar, dass er einigen Kunden die 6.000 US-Dollar vorstrecken könnte, bis die Förderungen eintrafen, um so den Liquiditätsengpass zu überwinden, über den so viele Kunden klagten. „Ich begann, Kunden zeitlich begrenzte Kredite einzuräumen; basierend auf dem Betrag, den sie vom Staat und aus lokalen Förderprogrammen beziehen würden", erklärte mir John. „Es dauert nur ein paar Monate, bis die Förderung kommt. Ich kümmere mich um den ganzen Papierkram und lasse mir das Fördergeld direkt auszahlen, sodass es kein echtes Risiko gibt."

Genial! Reines Pumpkin-Plan-Genie!

Indem er den Sorgen, Nöten und Wünschen seiner aktuellen und potenziellen Kunden Aufmerksamkeit geschenkt hatte, war John in der Lage, eine großartige Gelegenheit beim Schopf zu packen, seine Kunden zu begeistern und sein Unternehmen wie bekloppt auszubauen. Er war in der Lage, eine ganz neue Kundengruppe anzusprechen, die nicht genügend Geld hatte, um Johns teures Angebot zu bezahlen, obwohl sie in fast jeder anderen Kategorie zu seiner Top-Kundengruppe gehörte.

Die tolle Neuigkeit hier ist, dass John nicht Monate mit Brainstorming verbringen musste, wie dieses Problem zu lösen sei, oder dass es nicht Jahre dauerte, das Ganze auszuprobieren. Er erkannte einfach die Sorgen und Nöte, von denen seine Kunden sprachen, hörte ihren Wünschen intensiv zu. Als die Gelegenheit sich dann ergab, war die richtige Entscheidung offensichtlich. Du siehst: Pumpkin Plan-Erfolg dreht sich nicht darum, die besseren Antworten zu haben ... es geht darum, die besseren Fragen zu stellen, die Probleme exakter zu definieren. Wenn Du dies tust, kommen die Antworten von allein. Die Antwort, die *beste* Antwort, ist dann offensichtlich.

Johns Kunden haben das Gefühl, etwas Besonderes zu sein. Sie haben das Gefühl, dass John für sie bürgt, sich um sie kümmert, sich für sie aus dem Fenster lehnt ..., denn das ist es, was er *tut*. Und all diese Innovation und das Sich-Kümmern halfen John dabei, den größten Kürbis der Stadt zu züchten.

Eine der wirksamsten Strategien, die ich als Teil meines eigenen Pumpkin Plans nutze, nenne ich den „Wunschzettel". Ich interviewe meine Top-Kunden, um herauszufinden, welche Veränderung an meiner Branche sie sich am meisten wünschen, was sie sich von mir wünschen, dass ich anbiete bzw. verkaufe, und was sie sich wünschen, was jemand – irgendjemand – für sie erledigen könnte, was ihre Arbeit viel leichter machen würde, was ihnen helfen könnte, ihr eigenes Unternehmen wachsen zu lassen. Dann tue ich mein Bestes, um die gute Fee zu spielen, und nach Möglichkeit, all ihre Wünsche wahr werden zu lassen.

Zum Beispiel rechneten wir bei Olmec, meinem ersten Unternehmen, nach Stunden ab. Als wir unsere Top-Kunden befragten, sagten einige: „Wir haben keine Ahnung, was Ihr macht; wir verstehen nichts davon. Also wissen wir auch nicht, ob der Preis fair ist." Das war der Moment, in dem wir auf eine monatliche Pauschale umstiegen, und unsere Kunden waren begeistert. Als wir auf Stundenbasis berechneten, war der Vergleich mit anderen Computer-Services nicht möglich oder nicht feststellbar, ob es billiger für sie käme, jemanden fest anzustellen. Sie konnten das nicht nachvollziehen, weil sie nicht wussten, was wir taten und – ganz ehrlich – sie wollten das gar nicht wissen. Sie wollten bloß, dass ihre Computer liefen. Aber mit der neuen pauschalen Abrechnung konnten sie eine Kostenanalyse durchführen, und zwar in – sagen wir – zwei Minuten. „Hey, wenn wir jemanden einstellen, um das zu tun, was Olmec tut, kostet uns das rund 75.000 US-Dollar. Aber wenn wir den Vertrag mit Olmec weiterlaufen lassen, dann kostet uns das nur 45.000 US-Dollar."

Nun kannst Du natürlich nicht für jeden alles tun ..., deshalb musst Du zu Deinem guten alten Sweetspot-Diagramm zurückkehren, um zu prüfen, ob es sinnvoll ist, diesen Wunsch zu erfüllen.

Der Wunschzettel ist wie eine Schatzkarte, die den vergrabenen Schatz zeigt. Hinter jeder Beschwerde und jeder verrückten, „unmöglichen" Bitte steckt eine Gelegenheit für Innovation, Abgrenzung, um letztlich Deine Branche zu dominieren. Anstatt seine weniger wohlhabenden Kunden zu ignorieren, hörte John zu, fand eine Lösung für deren größtes Problem (Innovation), wurde die einzige Solarfirma, die diese Problemlösung anbot (Abgrenzung), und machte sich auf, das mittlere Marktsegment zu bespielen (Dominanz).

Der Schlüssel zu explosivem Wachstum ist es, in jedem Bereich gut mitzuhalten, in dem Deine Konkurrenten gut sind, und sie dann in einer Kategorie komplett auszustechen. Es ist wirklich so einfach. Sei „ausreichend gut" in allem, was Du tust, bis auf eine Sache. In dieser einen Sache sei überragend. Sei das eine Kilo schwerer. Löse das Hauptproblem. Sei die eine Sekunde schneller als alle anderen. Mach das und Du wirst die einzige Alternative für Deine Kunden, der Goldmedaillen-Standard. Der Wunschzettel Deiner Kunden ist Deine Geheimwaffe auf diesem Weg.

Die Kundenbefragung

Sei nicht überrascht, wenn die meisten Deiner Kunden vollkommen schockiert sind, wenn Du sie fragst, was auf ihrem Wunschzettel steht. Das ist nicht der übliche „Feedback"-Anruf eines Verkäufers. Du weißt, wovon ich rede – ein Außendienstler ruft Dich an, um zu erfahren, „wie's so geht", aber entweder hört er nicht richtig zu, oder am Ende des Gesprächs wird Dir klar, dass er gerade Deine Zeit verschwendet hat, um Dir irgendwas zu verkaufen. Oder, mein Liebling, wenn der Mensch, der Dir gerade geholfen hat, sagt, „Ich mache eine Kundenzufriedenheitsumfrage, die am Ende des Telefonats beginnt, und ich würde gern eine Fünf-Sterne-Bewertung bekommen … habe ich Ihnen einen Fünf-Sterne-Service geboten?" Ich meine, echt jetzt! Jetzt komm mir nicht mit Deinem blöden Gehirnwäsche-Woodoo. Ich möchte, dass der Idiot Folgendes versteht: Wenn Du erst noch fragen musst, ob Du einen Fünf-Sterne-Service abgeliefert hast, dann rate mal… Natürlich nicht!

Selbst in den seltenen Fällen, wenn dieser Typ tatsächlich Interesse an Deinem Feedback hat, dann ist es in neun von neun Fällen (ja, genau, rechne nach!) so, dass er im Anschluss nicht damit arbeitet.

Ein Pumpkin Plan-„Feedback"-Anruf ist in Wirklichkeit kein Feedback-Anruf. Du fragst Deine Kunden nicht einmal, wie Du ihnen besser helfen könntest – weil sie es vermutlich ohnehin gar nicht richtig sagen werden. Was auch immer sie Dir sagen werden, ist vermutlich eine verwässerte Halbwahrheit, weil, im Ernst, die meisten Leute eher Deine Gefühle schonen und eine Konfrontation vermeiden möchten, als Dir zu erzählen, was sie wirklich denken. Oder sie sind verwirrt, weil sie noch nicht darüber nachgedacht haben, wie Du ihnen besser zu Diensten sein könntest. Wenn Du sie bittest, Deine „Leistung zu bewerten", dann bekommst Du zumeist gute Noten, ein viertelstündiges Gespräch und einen Händedruck.

Beim Wunschzettel geht es nicht um Dich – wie *Du* besser werden kannst, wie großartig *Du* bist. Beim Wunschzettel geht es um Deine Kunden und darum, was sie brauchen, um ihre eigenen Riesenkürbisse zu ziehen.

Wenn Du Deine Kunden befragst, frage nach ihrer Branche, nicht nach Deinem Unternehmen. Frage sie nach ihren Wünschen, Herausforderungen, kurz- und langfristigen Zielen. Frage Dinge, die Dir helfen, mehr über ihr Unternehmen und ihre Branche zu erfahren, und zwar *über das hinaus*, was Dein Unternehmen direkt betrifft. Für den Anfang liste ich hier ein paar Fragen auf, die ich bei Kundenbefragungen nutze:

1. Was stört Dich am meisten an Deiner Branche? An Deinen Kunden? An anderen Anbietern?
2. Wenn es einfach wäre, was würdest Du an Deiner Branche verändern? An Deinen Kunden? An anderen Anbietern?
3. Was ist im Moment Deine größte Herausforderung?
4. Was müsste sich verändern, damit Du jeden Tag eine Stunde früher mit der Arbeit fertig wärst?
5. Was möchtest Du in naher Zukunft erreichen?
6. Wo möchtest Du in fünf Jahren stehen? In zehn? In zwanzig?
7. Was stört Dich am meisten an den Anbietern in *meiner* Branche? Was sollten Anbieter in meiner Branche Deiner Meinung nach anders machen?
8. Wenn Du die Produkte und Dienstleistungen in meiner Branche so anpassen könntest, dass sie Deinen Bedürfnissen besser entsprechen: Was würdest Du ändern?
9. Was verwirrt Dich am meisten an meiner Branche?
10. Was *sollten* Unternehmen in meiner Branche Deiner Meinung nach anbieten?

Behalte im Kopf, dass es nicht Deine Aufgabe ist, Deinen Kunden hier irgendetwas zu verkaufen oder ihnen auch nur zu versprechen, dass Du mit einer Lösung für ihre Probleme wirst aufwarten können. Du möchtest sie bloß besser kennenlernen, verstehen, wie sie ticken. Du bist auf der Suche nach Samenkörnern für Ideen… Zeug, über das Du nachdenken kannst, um dann Schlüssellösungen zu finden, die Dich weiterbringen. Während Du zahlreiche Top-Kunden befragst, suchst Du nach Trends oder gemeinsamen Themen in ihren Bitten und Beschwerden. Im Augenblick musst Du ihnen bloß für ihre Zeit danken und dafür, dass sie ihre Ideen mit Dir teilen, denn Du hast heute Abend eine Menge zum Nachdenken. Gehe zum nächsten Kunden und stelle ihm die gleichen Fragen, suche nach Mustern und biete Lösungen!

Mit den Antworten auf diese Fragen (und alle anderen, die Dir einfallen) hast Du nun einen Wunschzettel für Deine Kunden. Ich sag's nochmal: Es ist wie Gold, denn wenn Du ihre Fantasien übertreffen und ihre Schlüsselprobleme lösen kannst, werden sie Dich lieben – und mit Dir arbeiten wollen – lange, lange Zeit.

Stell bessere Fragen

Dein Gehirn versucht immer, Antworten zu finden, Lösungen für die Probleme, die sich Dir stellen. Das passiert im Unterbewussten. Du fragst Dich etwas, und Dein Hirn beginnt automatisch mit der Arbeit. Dann, zumeist im unpassendsten Augenblick – zum Beispiel wenn Du unter der Dusche bist, und ich nehme an, ohne Zettel und Stift –, kommt Dir plötzlich die Lösung. Du hast daran gearbeitet, danach gesucht in den tiefen dunklen Regionen Deines Gehirns, und dann bricht es plötzlich hervor, völlig unerwartet. Fast wie ein unerwarteter Schokoriegel vom letzten Halloween, den Du zwischen Deinen Sofakissen findest. Das hast Du auch nicht kommen sehen. Aber – kawumm! – da ist er. Und er ist köstlich.

Der Schlüssel hier ist, dass Dein Gehirn sich mit jeder Frage befasst, die Du ihm stellst. Gut, schlecht oder neutral… Dein Gehirn arbeitet einfach weiter. Du musst darauf achten, welche Fragen Du Dir stellst, denn die Qualität Deiner Fragen beeinflusst die Qualität der Antworten unmittelbar.

Wenn Du Dich fragst: „Warum muss ich immer kämpfen?“, wird Dein Hirn antworten: „Weil Du ein Versager bist.“ Ok, für gewöhnlich gibt Dein Hirn Dir spezifischere Antworten wie „Weil Du keine vernünftige Ausbildung hast“, oder „Weil Du nicht genug Geld hast“, oder „Weil Du nicht gut verkaufen kannst“.

Wenn Du aber andererseits fragst: „Wie kann ich erfolgreich sein?“, antwortet Dein Gehirn, „Versuch mal dies, mach jenes …“. Wenn Du konstant motivierende Fragen stellst, wird Dein Gehirn motivierende Antworten finden – in Richtung Fortschritt. Pumpkin Planer stellen immer bessere Fragen, bekommen bessere Antworten und erzielen letztlich bessere Ergebnisse.

Ich habe mein aktuelles Unternehmen Obsidian Launch mit dem Ziel gegründet, neuen Unternehmen in der Gründung zu helfen. Dieser Fokus verwandelte sich in verhaltensorientiertes Webdesign – wir halfen Unternehmen dabei, ihre Produkte und Services auf den Weg zu bringen, sodass sie mit viel Power auf den Markt kamen –, weil ich wieder und wieder fragte: „Was kann ich meinen Kunden bieten, das den größten Einfluss hat, ihnen den größten Nutzen bringt und für uns leicht zu reproduzieren ist?“ Weil ich mir immer bessere Fragen gestellt habe, kamen bessere Kunden. Ich hatte damit begonnen, mit erschöpften, verzweifelten Unternehmern zu arbeiten, die mich weder bezahlen konnten noch die Zeit hatten, die Arbeit zu investieren, die für den Erfolg notwendig war. Jetzt arbeite ich mit aufstrebenden Unternehmern, die fokussiert sind und die Absicht haben, ein Produkt, eine Dienstleistung oder das ganze Unternehmen auf die nächste Ebene zu bringen.

Achte auf Deine Selbstgespräche. Stelle bessere Fragen. Stelle größere Fragen. Und Du erzielst bessere, größere Ergebnisse.

Könnte ich bitte einen kleinen Rat bekommen?

Wenn Du auf der Basis des Wunschzettels Deiner Kunden etwas Neues entwickelt hast, ist Dein nächster Schritt, herauszufinden, ob Du das Richtige hast. Anstatt das Produkt oder die Dienstleistung zum Verkauf anzubieten, bitte um Rat. Ruf Deine Top-Kunden an und sage: „Ich bin dabei, unsere Dienstleistung/unser Produkt zu verbessern und ich bin noch nicht sicher, ob ich auf dem richtigen Weg bin. Ich weiß nicht, was ich nicht weiß. Ich möchte Dir nichts verkaufen. Aber vielleicht könnte ich Dir einen Kaffee ausgeben und einen Rat bekommen? Es dauert nicht länger als eine Viertelstunde."

Diese Strategie funktioniert, weil Du ihnen sagst: „Ich sehe Dich als eine Autorität, als jemanden, der über wertvolles Wissen verfügt." Und das, mein Freund, ist für die meisten Menschen unwiderstehlich. Allen Ernstes, Du rufst Deine Kunden an und fragst sie um Rat. Sie lieben es, wenn sie als Experten gesehen werden (wie wir alle), und wenn Du wirklich nach Orientierung suchst – und nicht versuchst, ihnen *irgendwas* zu verkaufen, und ich meine wirklich irgendwas –, dann fühlen sie sich gut und wichtig. Und das Beste vom Besten ist, dass Du wichtige Rückmeldung zu Deinem Produkt oder Deiner Dienstleistung erhältst ... Trommelwirbel ... und zwar von Deinen Kunden! Wenn es für sie nicht funktioniert, dann wirst Du's erfahren, denn sie werden nicht nach weiteren Informationen fragen. Es ist wirklich so einfach: Finden Deine Kunden Deine Idee gut, werden sie Dich fragen, wie es weitergeht oder was es kostet... sie werden hinter Dir her sein. Falls nicht, dann bedankst Du Dich für ihre Zeit und gehst zurück ans Zeichenbrett.

Bevor er sich selbstständig machte, hatte Scott Weintraub eine ziemlich genaue Vorstellung von dem, wie der Wunschzettel seiner potenziellen Kunden aussah. Er und sein Geschäftspartner Jeffrey Spanbauer entschlossen sich, die Welt der Großkonzerne zu verlassen, nachdem sie jahrelang im Markenmanagement und im Marketing für Pharmafirmen gearbeitet hatten. Sie kannten sich also aus und wussten um die Hauptprobleme der Pharmaindustrie mit Blick auf Marketing und Vertrieb.

„Wenn Du der Produktchef oder Vizepräsident im Marketing eines Pharmakonzerns bist, dann bist Du in der Regel völlig gefrustet, dass Dein Produkt Schwankungen in der Performance aufweist", Erklärte mir Scott einmal in seinem Strandhaus. „Du hast vielleicht 20% des Marktes in Boston, 5% in Dallas, 2% in St. Louis... große Unterschiede. Das ist besonders frustrierend, wenn Du Medizin vermarktest, die fünf hundert Millionen Dollar einbringt. Du sagst, „Wenn wir bloß in Dallas besser dastehen könnten, oh Mann!" Aber Du weißt nicht, *wie* Du in Dallas besser werden kannst, also nutzt Du dasselbe Marketing und die gleichen Instrumente im ganzen Land."

Als sie für Pfizer arbeiteten, versuchten Scott und Jeff, regionale Marketingabteilungen einzusetzen, um das Problem zu lösen – aber es funktionierte nicht. Als sie also aufgrund von Restrukturierungen entlassen wurden, beschlossen sie, sich selbstständig zu machen. Mithilfe eines Mathematikers, der ein wahres Zahlengenie war, entwickelten sie einen eigenen Prozess, der Pharmaunternehmen aufzeigt, welcher Schlüsselfaktor die Performance eines Produkts in der jeweiligen Region bestimmt. (Da staunst Du, was Du mit einem bisschen Nerd-Brain erreichen kannst.)

„Die meisten Unternehmen haben so rund hundert Regionen", erklärte Scott,.„Jetzt können wir Dir sagen, dass Du in Boston den Einfluss des Kardiologen auf den Hausarzt brauchst. In Los Angeles musst Du auf den Preis der Medizin achten. In Chicago geht es darum, möglichst viel Zeit mit Deinen wichtigsten Ärzten einzuplanen. In Atlanta solltest Du Dich auf die afroamerikanischen Patienten konzentrieren." Genau das gleiche Produkt. Unterschiedliche Marketingansätze an jedem Ort.

Hört sich wie ein Sieger an, oder? So ein richtig echter Atlantic-Giant-Samen. Das war es auch, aber was ich wirklich an dieser Geschichte über Scott und Jeff mag, ist, dass sie mit ihrem *eigenen* Wunschzettel ihre Kollegen um Ratschläge zu ihrem Produkt baten. Sie stellten ihre Idee zwei Dutzend Leuten vor, die für das Branding zuständig waren – Leute, die sie kannten, und wiederum andere, an die sie durch Bekannte weiterempfohlen wurden.

„Ich habe mit meinen Freunden und Ex-Kollegen gesprochen und gesagt: ‚Ich habe diese Geschäftsidee, was davon würde Euch helfen und was ist Euch egal?' Ich zeigte ihnen eine gewöhnliche PowerPoint-Präsentation und bat sie um Feedback. Sie sagten: ‚Ändere dies, verdeutliche das", sodass wir es immer mehr verbessert haben und weiter nachfragten, um noch mehr Feedback zu bekommen. Schließlich zeigte ich das Ganze dem Freund eines Freundes und der sagte: ‚Das ist wirklich gut. Was kostet das?' Da wussten wir, wir hatten's!"

Was kostet das? Dies sind die magischen, goldenen Worte, mein Freund.

Wenn ein Kunde oder Interessent fragt: „Was kostet das?", dann weißt Du, dass er das will, was Du anzubieten hast. Jetzt kannst Du Deine Neuentwicklung so richtig an den Start bringen.

Hier kommt der Teil der Geschichte, wo es für Scott und Jeff so richtig abging. Scott erzählt: „Also sagte mir Jeff, dass sein Freund Will gesagt hat, wir sollten diesen Seth anrufen, hier ist die Nummer. Also rufe ich Seth an und sage: ‚Ich überlege, dieses Unternehmen zu gründen, und Will hat gesagt, ich soll Dich anrufen, Du hättest vielleicht einen Tipp für mich. Kann ich vorbeikommen und Dir zeigen, woran wir arbeiten?'"

Ich mag diese Geschichte so sehr, ich bin kurz davor, Dir das Ende direkt zu verraten. Aber ich versuche, mich zu beherrschen. Ich ... möchte ... die ... Pointe ... nicht ... vermasseln!

Seths Sekretärin ruft Scott zurück. („Das hätte mich schon wachrütteln sollen", sagt Scott.) Die Sekretärin nennt die Terminvorschläge – Dienstag oder Donnerstag – und fragt, welches Büro als Treffen besser wäre, Brunswick oder Bridgewater? („Das hätte mich *wiederum* stutzig machen können", meint Scott kichernd.)

Ich ... kann ... mich ... kaum ... beherrschen ...

Am verabredeten Tag kommt Scott zum Gebäude von Johnson & Johnson. Er nimmt den Fahrstuhl nach oben, und als er die Lobby betritt, wird ihm klar, er ist auf der Chefetage. „Der Teppich ist viel weicher und die Wandvertäfelung ist aus echtem Holz. Das ist echt." Und wieder hätte ihm ein Licht aufgehen können. „Die Sekretärin bringt mich zu Seths Büro und stellt mich Seth vor, der mir seine Visitenkarte reicht. Darauf steht: ‚Seth Fischer, Präsident des Pharmabereichs, Johnson & Johnson'."

Jap, *Präsident*. Bis Scott Seth die Hand schüttelte, hatte er keine Ahnung, dass er mit einem großen Fisch sprechen würde – so groß, dass sein „Ja" für Scott und Jeff alles verändern könnte.

Wie geht die Geschichte aus?

Mit allen erdenklichen Varianten von fantastisch – so nämlich. Ich lass es Scott verraten...

„Ich bin fünf Folien weit in meiner Präsentation, als Seth sagt: ‚Ist es in Ordnung für Sie, wenn ich den Vizepräsidenten für Marketing dazu hole? Ich kann mir vorstellen, dass er Interesse an dieser Präsentation hätte.' Also nimmt er den Hörer ab, sagt: „Hey, Bob, hier ist Seth. Kannst

Du grad mal zu mir rüberkommen?' Als Bob hereinkommt, sagt Seth, ‚Bob, das ist mein *Freund* Scott, und er hat etwas, was Dich wirklich interessieren wird. Scott, macht es Ihnen etwas aus, nochmal von vorn anzufangen?' Ich komme fünf Folien weiter, als Bob sagt: ‚Seth, das ist genau das, worüber wir gesprochen haben. Wo hast Du diesen Typen her?' Ich präsentiere fünf weitere Folien, und schließlich sagt Bob: ‚Können Sie mitkommen, damit ich Sie zwei unserer Marken-Teams vorstellen kann? Die *brauchen* das hier.' Und dann wurde mir plötzlich klar: Wir hatten wirklich etwas gefunden. Das trifft auf echte Resonanz bei den Leuten, die Schlüsselentscheidungen im Einkauf treffen."

Scott und Jeff legten direkt los und gründeten Healthcare Regional Marketing.

In den ersten drei Tagen schlossen sie Verträge über 500.000 US-Dollar mit Johnson & Johnson und zwei weiteren wichtigen Pharmaunternehmen.

In ihrem zweiten Unternehmensjahr setzten sie 4 Millionen US-Dollar um. Im vergangenen Jahr, ihrem vierten, machten sie 14,2 Millionen US-Dollar Umsatz.

Scott und Jeff erahnten zunächst intuitiv den Wunschzettel ihrer Kunden auf der Grundlage ihrer eigenen Arbeitserfahrung mit derartigen Unternehmen. Dann entwickelten sie ein Produkt, das das Problem der Marktschwankungen löste, das alle Pharmaunternehmen kennen. Und dann baten sie ihre Kollegen und die Freunde ihrer Kollegen um Rat, bis sie ein Produkt entwickelt hatten, das ihre Interessenten so ansprach, dass sie es sofort kaufen wollten ... ohne dass Scott und Jeff es ihnen hätten aktiv verkaufen müssen.

Verstehst Du, was ich sage? Jetzt lass es uns gemeinsam sagen ... genial.

Und nochmal.

Genial.

Es geht vor allem ums Label

Kunden brauchen Labels, um rasch zu entscheiden, was sie kaufen. Wenn Deine Kunden Dein Unternehmen mit dem gleichen Label versehen wie Deine Konkurrenz, dann können sie Dir genauso gut eine Gabel ins Kreuz rammen, ... denn Du bist erledigt. Wenn Dein Label das gleiche ist wie das Deiner Konkurrenz, dann heißt das, dass Deine Kunden kaum den

Unterschied zwischen Euch benennen können – oder gar nicht. Du tust dies vermutlich selbst und verwendest gemeingültige Labels für Deine Partner. Ein Elektriker ist vermutlich ein Elektriker. Ein Automechaniker ist ein Automechaniker. Ein Makler, ein Business Coach, ein Rechtsanwalt – was auch immer ... all dies sind Labels. Diese Labels sortieren Dich in eine generelle Kategorie ein und machen es Deinen Kunden und Interessenten leicht, zu verstehen, was Du tust. Das Problem entsteht, wenn Du in der gleichen Kategorie einzuordnen bist wie Deine Konkurrenz. Für Deine Kunden sieht es so aus, dass Du zur gleichen Sorte gehörst, wie die guten, die schlechten und die erbärmlichen. Und wenn ein Kunde Dich anhand eines zuvor festgelegten Labels definiert, dann hat er eine vorgefertigte Vorstellung davon, was das bedeutet.

Lass mich Dir ein Beispiel für ein großartiges Label geben. Wie nennst Du den Menschen, der Deinen Computer repariert? Ich habe einen so richtig cleveren Namen für meinen – ich nenne ihn den „Computer-Typen". (Ja, Du darfst diesen Namen klauen.) Es gibt viele Computer-Typen da draußen und viele Unternehmen, bei denen Du einen buchen kannst. Und dann gibt es Best Buy's Geek Squad. Das Geek Squad ist im Wesentlichen nichts anderes als ein Team von Computer-Typen und -Mädels, aber ihre Kunden sehen sie anders. Ihre Kunden sehen sie als Geeks. Was bedeutet schon ein Name, fragst Du? Alles. Weil sie den Namen „Geek" in ihrem Unternehmensnamen verwenden, sind Best Buy's Computer-Typen und -Mädels anders als alle anderen. Sie sind nicht nur einfache Leute, sie sind echte Geeks, Nerds, *Experten – Meister*. Und, weil sie das Wort „Squad" in ihrem Namen verwenden, deuten die Geeks an, dass sie in der Lage sind, rasch zu reagieren, weil sie Mitglieder einer organisierten Einheit sind.

Doch das Image steckt nicht nur im Namen. Das Geek Squad unterstreicht das Labeling mit ihrem Auftreten – die Geeks tragen Hochwasserhosen; sie haben Stifte in ihren Taschen, sie fahren VW Käfer, die wie Polizei-(Squad)Autos lackiert sind. So betonen sie die Eigenschaften, die sie durch ihren Namen hervorheben. Wenn Du nach irgendeinem „Computer-Menschen" Ausschau hältst, dann wählst Du möglicherweise die billigste Variante. Warum solltest Du mehr für Joe bei Acme-Computer-Typen zahlen, um Deine Software wieder ans Laufen zu kriegen, wenn der Teenager von nebenan das Gleiche für ein Sixpack Bier macht, das er sich selbst nicht leisten kann? Aber wenn Du ein drängendes Computerproblem hast wie DEFCON 1 – so ein Computerproblem, bei dem es um Leben und Tod geht –, dann möchtest Du nicht den Teenager von nebenan oder den Rentner, der sich nur mit Mainframes auskennt, ranlassen.

Du möchtest einen super ausgebildeten, Triple-A, Kindershirts tragenden Nerd, der Dich rettet. Einen Computer-Typen mit einem anderen zu vergleichen, ist wie Äpfel mit Äpfeln zu vergleichen. Einen Computer-Typen mit dem Geek Squad zu vergleichen, ist wie Inspector Gadget mit James Bond zu vergleichen. Wenn ich in Panik verfalle, dann rufe ich den Rettungsnerd. Immer, egal was es kostet.

Wenn Du mit dem Label Computer-Typ kategorisiert bist, dann sehen Dich Deine potenziellen Kunden genauso wie alle anderen. „Ich habe schon einen Computer-Typen, und bei dem bleib ich, es sei denn, dieser neue Typ (das bist Du) macht mir ein besseres Angebot." Denn schließlich seid Ihr beide Computer-Typen, stimmt's? Deshalb entscheidet so häufig der Preis zwischen Dir und Deiner Konkurrenz.

Du kannst Tausende von Argumenten anführen, dass der andere Computer-Typ besser sein soll als Geek Squad. Ich sollte das wissen: Mit Olmec war ich der andere Computer-Typ ... und ich war besser, weil ich komplexeres Computer-Zeugs stemmen konnte. Doch meinen Kunden war das egal. Der Kunde hat keine Jahre oder Jahrzehnte Zeit, um Deine Kunst so zu verstehen, wie Du sie verstehst. Wenn Du also Dein Kunde bist, dann schaust Du auf die einfachen und leicht verständlichen Unterschiede. Du entscheidest Dich häufig auf der Grundlage von weniger als einem Prozent der Informationen, weil Du musst. Wenn Du Deinen Kunden schnell die Unterschiede klarmachen möchtest, dann ändere Dein Label. Setze Dich nicht in die überfüllte Ecke zu all den anderen.

Wenn Du es schaffst, dass Deine bestehenden und potenziellen Kunden Dir ein anderes Label aufkleben – nicht nur um anders *aufzutreten*, sondern weil Du wirklich anders *bist* –, dann machst Du es Deinen Kunden leicht, die Unterschiede zu sehen ... und Dich der Konkurrenz vorzuziehen. Oh – und wenn Du Deine Arbeit gut genug erledigst, dann wird der Preis gegenstandslos, sodass Du höhere Preise nehmen kannst als die anderen und endlich das verdienen kannst, was Du wirklich wert bist.

Als Scott und Jeff begannen, ihr eigenes Unternehmen aufzusetzen, wussten sie, dass sie mit dem Label „Marketingexperten" für Pharmaunternehmen nur eine Firma und ganz vielen wären. Also schauten sie sich das größte Problem ihrer Branche an, fanden eine Lösung und wählten diese als ihr Alleinstellungsmerkmal. Als sie loslegten, waren sie die „Regional-Marketingexperten" mit wenig bis gar keiner Konkurrenz, denn sie hatten ein neues Label. Sie wussten, sie könnten gute Marketingberater sein oder sie konnten die allerbesten *Regional*-Marketingberater im ganzen Land sein. Und ich denke, dass ein Umsatz von

14,2 Millionen US-Dollar in vier Jahren aussagt, dass sie es verdammt nochmal richtig gemacht haben.

John Shaw ist in diesem Sinne nicht bloß noch ein „Solar-Typ", John ist der Gleichberechtigungs-Solar-Anbieter. Er macht es für fast jeden in seiner Region möglich, Solarenergie zu nutzen, der das möchte. Er hat das Hauptproblem seiner Kundschaft (Mangel an Cash) gelöst. Seit er das Fördersystem einsetzt und für seine Kunden die Vorfinanzierung übernimmt, hat Shaw Solar über 250.000 US-Dollar in Förderungen und Nachlässen für seine Kunden organisiert. Das ist Johns Alleinstellungsmerkmal.

Siehst Du, wie der Wunschzettel Deiner Kunden zu einer weiteren Verfeinerung Deiner Nische führen kann und zum Entdecken eines lukrativen Alleinstellungsmerkmals? Gut. Ich wusste, dass Du aufpasst.

Du wirst weder in der Lage sein noch willens, jeden einzelnen Punkt vom Wunschzettel Deiner Kunden abzuarbeiten. Das ist in Ordnung. Oder sogar mehr als in Ordnung, denn Du bist nur der Allerbeste in einer Sache, was dazu führt, dass Deine Kunden in Scharen zu Dir strömen. Dein Ziel ist es, im Rahmen Deiner Stärke zu arbeiten, nicht außerhalb Deiner Komfortzone. Nicht jede gute Geschäftsidee ist eine gute Idee für *Dein Unternehmen*.

Aber natürlich kannst Du den Wunschzettel nutzen, um darauf zu achten, Deinen Top-Kunden jede Menge Liebe und Herrlichkeit zu bescheren. Wenn Du ihre Hoffnungen und Probleme kennst, dann bist Du besser gerüstet, um Chancen und Lösungen für sie zu erkennen. Es muss nicht immer unbedingt Dein Unternehmen sein, das die Probleme löst – werde aktiv, sobald Du etwas findest, das ihnen helfen könnte. Engagiere Dich für ihren Erfolg. Sei großartig. Setz Himmel und Erde in Bewegung. Die Liebe, die Du aussendest, wird zu Dir zurückkommen.

Der Arbeitsplan

30 Minuten (oder weniger) Action

1. Erstelle Deine eigene Liste mit Interviewfragen. Du kannst meine Liste als Inspiration zum Erarbeiten Deiner eigenen Fragenliste verwenden, um Deine Kunden zu interviewen. Was möchtest Du wirklich von ihnen hören? Behalte den Fokus zu 100% auf Deinen Kunden, nicht auf Dir. Stelle niemals direkte Fragen zur Leistung Deines Unternehmens (es ist sehr unwahrscheinlich, dass sie Dir die ganze Wahrheit erzählen werden). Frage nach Deiner Branche als Ganzes. Keine Verkaufsfragen oder Suggestivfragen! Lass sie sagen, was ihnen in den Sinn kommt ... Sie haben Gold im Hirn.

2. Suche nach Gemeinsamkeiten und erfinde etwas Neues. Nachdem Du mehrere Top-Kunden interviewt hast, suche nach Gemeinsamkeiten auf ihren Wunschzetteln. Sind sie an ähnlichen Punkten unzufrieden mit ihrer eigenen Branche? Suchen sie alle nach einer Lösung für das gleiche Problem? Wenn Du einen Weg finden kannst, es zu lösen und ihrer aller Leben einfacher und ihre Unternehmen rentabler zu machen, dann würde ich sagen, hast Du den Stein der Weisen gefunden.

3. Hole Rat ein. Wenn Du Dich dazu entschließt, ein neues Produkt zu entwickeln oder eine neue Dienstleistung anzubieten, das/die die Probleme Deiner Top-Kunden lösen könnte, ruf sie erneut an und bitte sie um Rat. Starte niemals ein neues Angebot, ohne *zuvor* von Deinen Kunden Feedback einzuholen. Wenn sie es lieben, lassen sie es Dich wissen, ... ohne dass Du auch nur zu fragen brauchst. Wenn sie denken, dass es überarbeitet werden muss, werden sie es Dir sagen. Wenn sie keinen Wert in dem Angebot sehen, werden sie höflich bleiben und Dich niemals wieder dazu befragen. Dadurch wird es einfach für Dich, herauszufinden, ob Dein neues Angebot für den Testlauf bereit ist. Es geht nur darum, um Rat zu bitten.

Der Pumpkin Plan in Deiner Branche – Technik-Dienstleistungen

Angenommen, Du bist Webdesigner – kein Computer-Freak, sondern so ein total hipper Typ mit drei Tumblr-Accounts und einer beeindruckenden iTunes-Sammlung. Also, stell Deinen Fair-Trade-Kaffee hin, mach

Deinen Mac zu und lass uns Dein Unternehmen mit dem Pumpkin Plan strukturieren.

Du bist selbstständiger Webdesigner mit aktuell ungefähr zwei Dutzend Kunden. Du arbeitest sechzehn Stunden pro Tag, sechs Tage die Woche und brichst sonntags zusammen. Du verdienst ganz gut, aber Du kannst keine Pause machen, denn Du weißt nicht, wann ein Kunde abspringt oder ein Projekt verschoben wird. Also sagst Du Ja zu neuen Kunden, packst mehr und mehr Arbeit auf den ohnehin schon wahnsinnig großen Stapel und denkst, dass alles eines Tages funktionieren wird ... hoffentlich noch bevor Du stirbst.

Nachdem Du Deinen Bewertungsbogen ausgefüllt hast, fällt Dir auf, dass Du etwa vier Top-Kunden hast und mindestens zehn doofe Kunden, die einfach gehen müssen. Du schickst die schlimmsten weg, und Dir wird klar, dass der Pumpkin Plan wirklich funktioniert, weil Dein Einkommen tatsächlich sofort steigt. Du hast mehr Zeit, um mit den besseren Kunden zu arbeiten, sie zahlen besser und nutzen Deine Verfügbarkeit. Doch Du weißt, dass Du noch mehr Unkraut zu jäten hast. Damit wartest Du aber noch, bis Du Deine Top-Kunden interviewt hast, denn Du könntest damit vielleicht den *besten* Weg findest, um Dich von den übrigen gammeligen Kunden zu trennen, wenn Du die Wunschzettel Deiner Top-Kunden bearbeitest.

Es stellt sich heraus, dass Deine Top-Kunden alle Unternehmen sind, die elaborierte Webseiten mit integrierten Social-Media-Auftritten und Online-Shops betreiben. In den Interviews erfährst Du, dass das größte Problem darin besteht, dass sie ständig selbst neuen Content hochladen müssen – und dazu haben sie einfach nicht die Zeit.

Du schaust Dir Deine Liste der acht übrigen Gammelkunden an und Dir fällt auf, dass sie alle mehr oder weniger Do-it-yourself-, Kleinst-Kunden sind. Also entschließt Du Dich, die Dienstleistungen für Unternehmen zu streichen, die bloß auf der Suche nach jemandem sind, der „was aufsetzt", was sie dann selbst pflegen. Denn, seien wir ehrlich: Sie *glauben*, sie sind Do-it-yourself, aber sie sind es *nicht*. Sie rufen Dich dauernd an und schicken laufend E-Mails mit Frage und Problemen, und weil Du so nett bist, beantwortest Du das alles. Na, nun nicht mehr!

Deine wenig zahlenden, pflegeintensiven Kunden sind endlich abgeschüttelt, sodass Du Dich darum kümmern kannst, Deinen gigantischen Wir-tun-alles-für-Dich-Service für Deine Top-Kunden zu implementieren. Du führst eine Monatsrate ein statt eines Stundenlohns, die sie gerne zahlen, allein schon für das Privileg, sich keine Gedanken mehr darüber zu machen, was es sie kostet, Dich „einfach machen" zu lassen. Dann engagierst Du ein paar Neueinsteiger auf Teilzeitbasis nach Bedarf, um Dir bei den einfachen Dingen zu helfen. So kannst Du Deine Zeit und Energie auf das Webdesign und den Plan für jeden einzelnen Kunden, das Kundenmanagement und das Abarbeiten des übrigen Pumpkin Plans richten.

Jetzt hast Du, selbst mit Deinen kleinen Helferlein, mehr Geld, weniger Kopfschmerzen und mehr Zeit, um Dein Leben zu genießen (was für ein Plan).

Du wendest Dich an Deine Top-Kunden und bittest sie darum, Dich weiterzuempfehlen. Du sprichst mit einem Vertreter eines Unternehmens, das Dienstleistungen für Händler anbietet. Sie betreuen Kreditkarten-Transaktionen für zwei Deiner Top-Kunden, und Ihr stellt fest, dass ihr größtes Problem mit all ihren Kunden (einschließlich Eurer gemeinsamen Kunden) darin besteht, dass die Bestellformulare auf deren Webseiten nicht optimal gestaltet sind. Ein paar wenige Handgriffe würden wohl ausreichen, um verlorene und mit Fehlermeldungen behaftete Transaktionen zu vermeiden, die den Dienstleister Geld kosten *und* Deine Kunden nerven. Also entwickelst Du ein neues Formular, das die Wünsche beider Parteien berücksichtigt. Die Leute des Dienstleistungsunternehmens sind so glücklich, dass sie eine E-Mail an all ihre Kunden schicken und sie drängen, Dich zu kontaktieren: damit Du ihnen ordentliche Formulare auf ihren Webseiten einbaust. Alsbald wirst Du mit Anfragen überschüttet und kannst Dir Deine Kunden aussuchen.

Als nächstes implementierst Du Dein WvaL. Zunächst versprichst Du ihnen einen sehr grundlegenden monatlichen Traffic-Report zu ihrer Webseite – nur eine grundlegende Zusammenfassung der Tagesaktivitäten. Nichts Ausgefeiltes. Dann überraschst Du sie mit einem kostenlosen detaillierten Bericht zu den monatlichen Aktivitäten, aus dem hervorgeht, wer was kauft, wann und woher, und der sogar Empfehlungen gibt, welche Produkte sie im nächsten Monat besonders hervorheben sollten. Die Kunden sind total beeindruckt, und das Geld fließt in Strömen.

Kapitel 9: Lass sie führen

Was wäre, wenn Du mit einer nur geringen Fehlerquote genau vorhersagen könntest, wie viele Leute Dein neues Produkt kaufen oder Deinen neuen Service buchen werden? Was wäre, wenn Du eine Community aufbauen könntest, die Dein neues Produkt oder Deinen neuen Service vermarkten würden, bevor Du überhaupt mit der Entwicklung fertig bist? Was wäre, wenn Du jedes Mal sicher sein könntest – und ich meine *jedes Mal* –, dass Du ein neues Produkt oder einen neuen Service anbieten kannst und es würde mit absoluter Sicherheit nicht floppen?

Lass mal das beständige „Was wäre, wenn…" weg.

Weil Du es nämlich kannst.

Der Prozess ist ziemlich unkompliziert. Kein Mysterium, kein Hokuspokus, kein Quatsch. Du musst lediglich dafür sorgen, dass Deine Kunden direkten Einfluss auf die Entwicklung, den Launch und das Marketing Deines Angebots haben. Am Ende des Prozesses hast Du ein Produkt, das Deine Kunden bereits haben möchten (weil sie es für sich selbst entwickelt haben). Der Rest der Strategie erledigt sich von allein. Ich nenne dies die Insider-Strategie, weil es Deinen Kunden Insider-Zugang zu den Entwicklungen in Deinem Unternehmen erlaubt. Und Du bekommst Insider-Zugang zu ihren Gedanken. Diese gemeinsame Entwicklung ist sehr effektiv. Und genau so, wie sich die Sonne um den größten Teil der Aufgaben kümmert, Kürbisse wachsen zu lassen – bzw. jedwedes Leben –, ist die Community aus Deinen bestehenden und potenziellen Kunden die Sonne für Dein Unternehmen: Sie geben ihm die Energie, die es für das beständige Wachstum benötigt. Lass die Sonne scheinen, Baby!

Die Insider-Strategie ist mehr, als bloß herauszufinden, wie Du Dein Produkt am besten vermarktest. Es gibt zusätzliche Vorteile, wenn Du diese Idee umsetzt:

- Sie bedeutet automatische Innovation in der Produktentwicklung: Während Du eine immer bessere Verbindung zu den Bedürfnissen, Wünschen und Ideen Deiner Community aufbaust, erfindest Du neue Produkte oder Dienstleistungen, auf die Du ohne ihren Input vielleicht nicht gekommen wärst.

- Du sparst Geld. Weil Du vorhersagen kannst, wie ein Produkt oder Service sich verkaufen wird, kannst Du Dich davor hüten, etwas zu entwickeln und zu vermarkten, das niemand wirklich möchte, oder Du kannst Dein Angebot so lange anpassen, bis Deine Kunden es wollen.
- Die Strategie formt Deine Marke. Wenn Du Deine Community dadurch besser kennenlernst, dass Du sie zu Insidern werden lässt, bekommst Du selbst ein größeres Verständnis dafür, was Deine Marke für sie bedeutet – warum sie Dich lieben, was Du darstellst, warum sie wiederkommen.
- Die Strategie stiftet Loyalität. Wenn Kunden an der Entstehung eines Produkts oder einer Dienstleistung beteiligt sind, fühlen sie sich wichtig, *bedeutsam*. Und wenn Menschen sich *wegen Deines Unternehmens* bedeutsam fühlen, werden sie für immer loyal sein – oder zumindest, bis sie sich nicht mehr so fühlen.
- Die Strategie kann zu Empfehlungen führen, die Du nicht selbst anstößt. Deine Insider werden letztlich die Produkte oder Dienstleistungen weiterempfehlen, die sie selbst mit entwickelt haben. Die Gespräche, die sie mit ihren Freunden führen, lauten nicht länger: „Schau mal, wie cool das Ding ist, das *dieses Unternehmen* umgesetzt hat.“ Jetzt heißt es: „Schau mal, wie cool das Ding ist, das *ich* umgesetzt habe.“

Lass mich nur eine Warnung in meine Erklärung einwerfen, dass dies ein „einfacher Plan“ ist: Wenn Du den *Rest* des Pumpkin Plans nicht umsetzt, wird diese Strategie für Dich nicht gut funktionieren. Genauer gesagt: Du könntest komplett scheitern und im Prozess wahnsinnig werden. Das Ganze könnte scheitern – und dies, mein Pumpkin-Plan-Kollege, ist der *Schlüssel* –, wenn Du mit jeder Art von Kunde arbeitest, die auf der Welt so herumkrauchen (anstatt sich nur um die Top-Kunden zu kümmern). So lange Du im Kostüm der eierlegenden Wollmilchsau versuchst, zu viele Bälle in der Luft zu halten (anstatt Dich auf eine enge Nische zu konzentrieren und Dein Team drum herum aufzubauen); so lange Du nach jedem Strohhalm greifst (anstatt Deinen eigenen Atlantic-Giant-Samen zu setzen), wird Dich das Implementieren der Insider-Strategie auf unterschiedlichste Abwege führen, die alle an einem Ort enden: in Gaga-Stadt, auch bekannt als die Pleite-Hauptstadt der Welt.

Ich weiß, das klingt hart, aber es stimmt. Wenn Du das Pferd von hinten aufzäumst, passieren schreckliche Dinge. Also musst Du mir versprechen, dass Du diese Strategie nicht einführst, bevor Du die übrigen Schritte des Pumpkin Plans aus dem FF beherrschst.

Ok?

Ok.

Gut, nun, da wir eine Vereinbarung haben, lass uns das Ganze umsetzen ...

Crowdsourcing plus

Ich bin mir ziemlich sicher, dass Du über Crowdsourcing alles weißt, aber nur für den Fall, dass Du noch nie davon gehört hast: Crowdsourcing ist das, was passiert, wenn Du eine große Gruppe von Außenstehenden (also nicht Deine eigenen Angestellten) nutzt, um ein Ziel zu erreichen – ob es darum geht, ein Produkt zu entwickeln, eine Initiative zu starten oder auch nur eine Aufgabe zu erledigen. Eine Crowd kann dazu genutzt werden, das Universum und die unendlich vielen Galaxien darin zu kartieren (Galaxy Zoo). Sie kann eingesetzt werden, lokale Nachrichten blitzschnell zu verbreiten (Twitter), um komplexe Krankheiten zu untersuchen (Fold.It), und sie kann mobilisiert werden, um Content für Blogs oder Bücher zu generieren (*Chuck Norris Cannot Be Stopped: 400 All-New Facts about the Man Who Know Neither Fear nor Mercy* ... und andere zeitlose Klassiker).

Außerdem kann sie einbezogen werden, um ein Unternehmen mit einem Umsatz von 30 Millionen US-Dollar und mehr aufzubauen. Die T-Shirt-Firma Threadless ist ein bekanntes Beispiel für die richtige Art, Crowdsourcing zu betreiben. Threadless startete im Jahr 2000 mit 1.000 US-Dollar Startkapital und lässt die Leute, die ihre T-Shirts kaufen (ihre *Kunden*), auch designen.

Das Unternehmen bittet Designer, ihre eigenen T-Shirt-Designs zu entwerfen, von denen eines zum nächsten T-Shirt von Threadless gekürt wird. Das Ergebnis ist eine aufgeheizte Gruppe, deren Mitglieder alle geflasht sind, weil sie die Möglichkeit haben, das nächste großartige Produkt zu entwerfen, das sie dann selbst kaufen. Und der Gewinner des Wettbewerbs? Na, dieser Mensch ist ein lebenslanger, loyaler Kunde von Threadless. Wenn die Leute fragen: „Hey, wo hast Du denn dieses coole T-Shirt gekauft?", lautet die Antwort bloß: „Gekauft? Ich habe dieses geile Teil selbst *entworfen*!". Und weil er selbst an diesem Prozess beteiligt ist, vermarktet er sein T-Shirt (und Threadless) in der ganzen Stadt ... und auf seinem Tumblr Blog ... auf seiner Facebook-Seite ... und auf Twitter. Wenn die Leute selbst in die Entwicklung eines neuen Produkts oder einer neuen Dienstleistung eingebunden sind, sind sie loyal und möchten es unterstützen. Eigentlich *können* sie gar nicht anders. Sie möchten, dass die Welt weiß, dass sie an der Herstellung von etwas Neuem beteiligt waren, dass sie eine Verbindung zum Unternehmen haben, von dem sie schon *vorher* dachten, dass es so richtig cool sei.

Threadless erwirtschaftet einen wahnsinnigen Umsatz und einen wahnsinnigen Gewinn aus ihrem Crowdsourcing. Bietet das Unternehmen ein neues T-Shirt-Design an, dann verkaufen sie aus. 100%. Nicht ein mageres T-Shirt bleibt übrig, nicht einmal in einer verirrten Kiste irgendwo in einer dunklen Lagerecke. Alles weg. Wer sonst kann sowas sagen? Wann hast Du zuletzt irgendetwas ausverkauft? Wann hast Du zuletzt die Verfügbarkeit vollständig ausgenutzt?

Während Crowdsourcing ein erstaunlich effektives Instrument ist, um Kundenloyalität zu gewinnen und zur enthusiastischen Unterstützung des Marketings Deiner Produkte oder Dienstleistungen einzuladen, wird die Insider-Strategie Deine Welt so richtig erschüttern. Der Hauptunterschied liegt in der Vorhersagbarkeit. Wenn Du ein Produkt oder einen Service über Crowdsourcing entwickelst, dann kannst Du nicht sicher sein, ob es wirklich brennt oder schwach anfängt und dann ausläuft, weil Du die „Crowd" nicht unbedingt von der ersten Idee an im Boot hattest.

Die Insider-Strategie erlaubt es Dir, die Reaktion Deiner Kunden direkt vom ersten Schritt an und an jedem Punkt in der Entwicklung zu messen. Und weil Verhalten ein guter Indikator für das ist, was passieren wird, kannst Du im Vorfeld wissen, ob ein neues Angebot erfolgreich sein oder floppen wird, bevor Du Arbeit in die Entwicklung steckst. Du wirst es vorher wissen, weil das Erste, was Du sagst nicht ist: „Macht mal und schickt uns Eure besten Designs (bzw. Ideen)", sondern: „Ich habe diese Idee für x. Ist das was, was Dich interessiert?"

Es ist ein schlichter Unterschied, aber es ist etwas ganz anderes, weil es ein Vorzeichen ist für Erfolg oder Misserfolg. Die Antwort „Nein", sagt Dir, dass die Leute das nicht wollen, was Du anbietest. Punkt. Mist, aber zumindest weißt Du jetzt Bescheid, nicht wahr? Auf jeden Fall gibst Du Dir jetzt keine Mühe mit der Entwicklung eines neuen Produkts oder einer neuen Dienstleistung, die niemand je wird haben wollen. Wenn Du Leute nach ihrem Interesse an Deinen geplanten Produkten fragst, bevor Du wirklich in die Entwicklung investierst, dann spart Dir das jede Menge Zeit, Geld und Anstrengung.

Gar keine Antwort steht für die Stille vor der Stille. Wenn Deine wichtigsten Kunden nicht sofort antworten, dann ist das ein gutes Zeichen dafür, dass Dein Angebot sich nicht verkaufen wird und dass Deine Beziehung zu Deinen Kunden nicht gut genug ist. Wenn Du nicht mindestens eine kleine Kundengruppe hast, die Dein Angebot interessiert, dann ist dies ein ganz klarer Indikator dafür, dass Du Dein Kürbisfeld nicht gut genug bestellt hast. Eine Reihe von „Ja, interessiert mich"-Antworten zeigt in Richtung zukünftigen Erfolges.

Nachdem Du die Vorhersagen-Ebene ein paar Mal ausprobiert – und die Antworten gewissenhaft aufgezeichnet hast –, wirst Du in der Lage sein, vorherzusagen, wie viel Umsatz Du erzielen wirst. Wirklich. Wenn ich ein Produkt mit einem Preis bis zu 100 US-Dollar anbiete, dann weiß ich, dass ich eine Verkaufsrate von 39% bekomme. Wenn also 500 Leute auf meine Voranfrage mit einem überzeugten „Ja" antworten, weiß ich, dass ich höchstwahrscheinlich 195 Einheiten dieses Produktes werde verkaufen können.

Die Insider-Strategie einzusetzen, wird Dein Leben ändern – und sie wird Dir helfen zu wachsen, zu wachsen und zu wachsen. Warum?

Ein Grund: Wenn Du vorhersagen kannst, wie viele Leute Dein Angebot kaufen werden, dann brauchst Du nicht mehr zu produzieren, kreieren, bestellen oder kaufen, als Du brauchst. Keine schlaffen Pappkartons mit Produkten vom letzten Jahr. Keine verschwendeten Stunden des Brainstorming, um einen neuen Service zu entwickeln, den keiner will. Du musst kein Geld mehr ausgeben, das Du nicht hast, um Dinge zu produzieren, die niemand wirklich haben möchte.

Wenn die Leute positiv auf Dein Angebot reagieren, sind sie von Anfang an eingebunden. Während Du also den Prozess der Insider-Strategie durchläufst, bleiben die meisten Dir treu, um letztlich das zu kaufen, *von dem sie sagten, dass sie es haben wollen würden*, sobald es verfügbar ist. Jetzt hast Du also eingebaute Umsätze mit geringen oder gar keinen assoziierten Marketingkosten.

Und wenn die Menschen einbezogen werden und Dir helfen, ein neues Produkt oder einen neuen Service zu entwickeln, und wenn *Du ihnen dafür Anerkennung zollst*, hängen sie selbst sehr am Ergebnis; und zwar so sehr, dass sie Dein neues Angebot pushen werden – selbst wenn Du sie niemals darum bittest! Auf diese Art hast Du einen „Außendienst", der die Nachricht von Deinem Launch verbreitet. (Und sie verlangen dafür keine Bezahlung. Verstehst Du?!? *Kostenlos.*)

Weil Du den Wunschzettel kennst, kannst Du eine weitere Ebene zum frühen Vorhersage-Level hinzufügen, indem Du Deine Kunden fragst: „Als Reaktion auf Deinen Wunsch (oder Deine Beschwerde, Deine Sorgen, Deinen Frust) arbeite ich an X. Würde das helfen? Hättest Du Interesse daran?“ Jetzt hast Du wirklich engagierte Kunden, denn sie haben Dir den ersten Impuls gegeben. Und lass mich ergänzen: Jemand anderem den Impuls zu einer Innovation zu geben, ist für die meisten Menschen unwiderstehlich – es ist wie Crack! Nur würde es Dein Leben nicht ruinieren, selbst wenn Du süchtig danach wärst. Kleiner Unterschied!

Hüpfst Du nun schon auf und ab? Ist Dein Kopf voll von Möglichkeiten? Beginnst Du zu erkennen, wie diese Marketingmethode Dir wirklich dabei helfen könnte, die Goldmedaille nach Hause zu bringen?

Fantastisch.

Fan-Kult

Trotz seiner unauffälligen Werkstatt und seines kleinen Teams (ernsthaft, er ist nahezu eine Ein-Mann-Show) ist Paul Scheiter von Hedgehog Leatherworks in seiner Nische der Mammutkürbis, der alle Rekorde bricht. Paul ist darauf spezialisiert, handgemachte, hochwertige Lederscheiden für Survival-, Kampf- und Jagdmesser zu fertigen, die er online vertreibt. Seine Kunden sind Survival-Fans, diese Leute, die in die Wildnis abhauen und wochenlang dort bleiben und nichts mitnehmen außer ihrem Messer (und einer passenden Hedgehog-Scheide). Wenn sie sich dazu entschließen, in die Zivilisation zurückzukehren, tragen sie einen Anzug aus Baumrinde und werfen sich lässig Klapperschlangenaugen in den Mund wie Kaugummi. Mit anderen Worten, diese Typen sind hart! Sie verlangen die beste Ausrüstung, und sie würden mit Sicherheit nicht das Schweizer Messer von Deinem Vater nutzen. Seit über fünf Jahren investiere ich in Hedgehog und habe so eine Menge über das Innenleben dieses Scheiden-produzierenden Giganten gelernt.

Paul setzt die Insider-Strategie mit großem Erfolg um. Seine Kunden haben Vorteile davon. Sein Unternehmen hat Vorteile davon. Er hat Vorteile davon. Und all das aus dem Wunsch heraus, mit anderen Outdoor- und Survival-Fans in Kontakt zu kommen, um herauszufinden, was sie von neuen Produkten erwarteten. Wenn Paul so weit ist und eine neue Scheide entwickeln möchte, wendet er sich per Video, Konferenzschaltung oder E-Mail an die sehr eng zusammenhängende Gruppe seiner rund 10.000 Abonnenten und fragt sie, was sie möchten: „Ich bin dabei, eine neue Scheide zu entwickeln – für welches Messer sollte die sein?" Er muss keine Vermutungen darüber anstellen, was er als Nächstes angehen sollte. Es gibt keine Fokusgruppe, die ihn möglicherweise auf den falschen Weg bringen könnte, und er muss nicht darüber nachgrübeln, ob sie sich verkaufen wird. Pauls gesamte Community sagt ihm genau, was sie will. Tatsächlich sagen ihm die Community-Mitglieder genau, was sie *kaufen* werden.

Wenn Paul die Antworten zusammengezählt hat, stellt er sicher, dass er mit dem ausgewählten Messer planen kann und kündigt dies in seiner Community an. „Der größte Teil unserer Community möchte, dass ich eine Scheide für dieses Messer herstelle, also machen wir das. Ich freue mich auf Euer Feedback während des Herstellprozesses."

Jetzt sind sogar die Leute, die Paul gebeten hatten, eine Scheide für ein anderes Messer zu entwickeln, daran interessiert, ihm bei der Entwicklung zu helfen, da er ihre Meinung sorgfältig miteinbezogen hat. (Es ist wie Crack, sag ich Dir.) Während er am Design arbeitet, sorgt Paul dafür, dass die Community weiter involviert bleibt, indem er Fotos des Herstellungsprozesses zeigt: Detaillierte Videos und Beschreibungen per E-Mail, Versand von Mustern und Online-Meetings für jene, die am Ergebnis interessiert sind. Und mit der Spannung, die aufkommt, während man zusieht, wie das Produkt an Kontur gewinnt, würdest Du selbst dann mitfiebern, wenn Du nicht von Anfang an dabei gewesen wärst.

Ein Zusatzbonus – und der eigentliche Grund, warum Paul die Insider-Strategie einsetzt – ist, dass er sofort Rückmeldung und großartige Tipps erhält und die Schwarmintelligenz seiner Community anzapfen kann. Er kooperiert mit seinen Kunden, den Endkunden, um etwas Einzigartiges zu erschaffen, etwas, das er alleine nicht hätte entwickeln können. Paul hat den ultimativen Weg gefunden, seinen besten Kunden am besten zu dienen, live.

Sobald Paul so weit ist, die Scheide zu verkaufen, bietet er sie zuerst jenen Leuten an, die ihm geholfen haben, sie zu entwickeln (und die es kaum erwarten können, sie endlich in Händen zu halten), und erst Monate, vielleicht sogar ein Jahr später bietet er sie der allgemeinen Öffentlichkeit zum Kauf an. Indem er diesem Prozess folgt, ist Paul in der Lage, mit sehr geringer Fehlerquote vorherzusagen, wie viele Scheiden er an seine Community in den ersten Monaten nach Fertigstellung wird verkaufen können. Und diese Erfahrung unterstützt ihn dabei, mit erstaunlicher Genauigkeit vorherzusagen, wie viele er an die breitere Öffentlichkeit verkaufen wird. Kein Scherz: Er kann das bis auf fünf, sechs Stück vorhersagen. Da gewinnst Du den Eindruck, dass er hellseherische Fähigkeiten besitzt.

Und da seine Kunden alle Mitarbeiter sind, vermarkten sie diese Scheiden wie der Teufel. Sie fühlen sich so mit seinen Produkten, Paul und Hedgehog Leatherworks verbunden, dass sie laufend von allen dreien erzählen. Sie sind Hedgehogs-Ultras, auf der Mission, andere, unschuldige Survival-Fans davon zu überzeugen, sich in ihre Reihen zu gesellen. Das hört sich ähnlich gruselig an wie eine Sekte, nicht wahr? Aber welcher Unternehmer könnte sich mehr wünschen?

Die Routine

Wenn ich ein neues Produkt oder einen neuen Service anbiete, dann folge ich jedes Mal der gleichen Routine. Es ist kein großer Unterschied im Vergleich zum Launch-Prozess, dem erfolgreichere Marketingleute folgen – außer einem Schlüsselelement: die Vorhersage. Ich kann ohne jede Bescheidenheit behaupten, dass ich, wenn ich dieser Routine bis zum Buchstaben folge, wenn ich meine Community von Kunden und Fans einbeziehe, dass es jedes Mal funktioniert. Jedes. Einzelne. Mal. Und warum auch nicht? Ich gebe der Community genau das, wonach ihre Mitglieder fragen – warum sollten sie es also nicht wollen?
Die Routine sieht folgendermaßen aus:

1. **Vorhersagen**. Frage Deinen Kundenstamm, Deine potenziellen Kunden, Deine Fans, ob Dein neues Angebot sie interessiert. Halte die Anzahl der Antworten (im Vergleich zur Gesamtzahl der Menschen in Deiner Datenbank) fest. Gib weit mehr auf die Antworten Deiner Top-Kunden, nicht so sehr auf die Antworten derjenigen, die einfach nur laut sind. Die Kunden, die in der Vergangenheit bei Dir gekauft haben, kaufen mit größerer Wahrscheinlichkeit erneut. Halte die Konversation am Leben, indem Du Ideen vom Wunschzettel abrufst.

2. **Wertschätzen**. Danke den Leuten in Deiner Community, die antworten: den Jas, den Neins und den Vielleichts. Die Tatsache, dass die Leute engagiert genug sind, um zu antworten, ist großartig. Also musst Du Deiner Dankbarkeit Ausdruck verleihen. Selbst wenn einige sagen: „Das ist die dämlichste Idee, die ich je gehört habe", schicke ihnen eine E-Mail und sage: „Ich danke Dir so sehr für Deine ehrliche Rückmeldung – sie hilft mir, mich zu orientieren."

3. **Ankündigen**. Wenn Du zufrieden bist und ausreichend viele Ja-Antworten erhalten hast, um fortzufahren, sag Deiner Community, dass Du nun anfängst, das Ganze umzusetzen, weil Du genügen Leute beieinander hast, die Dein neues Angebot kaufen möchten. Das will das Interesse der Leute wecken, die anfänglich mit Nein geantwortet haben, weil sie natürlich neugierig darauf sind, was die Mehrheit sich wünscht. Es ist wie Standing Ovations – Dir ist vielleicht gar nicht danach, nach einem quälenden, ewig währenden Stück in fünf Akten, aufzustehen und zu klatschen, aber weil alle anderen aufstehen, stehst Du ebenfalls auf und klatschst, bis die Hände glühen. Es liegt in der Natur des Menschen, sich von der Mehrheit überzeugen zu lassen.

4. **Einbeziehen**. Beziehe Deine Community nun auf jedem erdenklichen Weg ein, der Dir zur Verfügung steht, während Du das neue Produkt oder den neuen Service entwickelst. Halte ihr Interesse hoch, indem Du sie regelmäßig über den Fortgang informierst und sie nach ihrer Meinung fragst. Lass sie so viel wie möglich teilhaben. Paul macht dies vorbildlich. Wie auch John Green, der junge Romanschreiber, der *New-York-Times*-Bestseller verfasst hat. Am bekanntesten sind seine Bücher *Looking for Alaska* (auf Deutsch: *Eine wie Alaska*) und *Paper Towns* (auf Deutsch: *Margos Spuren*). Er hält die Spannung für seine neuen Bücher bei seinen Fans („Nerdfighters" genannt) durch seinen Blog und seine Videos hoch, in denen er manchmal Passagen aus seinem Manuskript vorliest. Sobald sein Buch zum Vorbestellen verfügbar ist, kommen die Nerdfighters in Scharen!

5. **Fragen**. Bitte um eine kleine Investition in Form einer Anzahlung, um die Leute ernsthaft in den Prozess einzubeziehen. Bitte Deine Community darum, ihr Geld einzusetzen und nicht nur zu reden. Das erhöht die Wahrscheinlichkeit, dass sie wirklich kaufen werden. Paul erhält zum Beispiel von denjenigen, die sich wünschen, dass er ihnen die neue Scheide als erste anbietet, eine Anzahlung in Höhe von 25 US-Dollar, die nicht erstattet wird. Er erläutert ganz nüchtern, dass ihm das hilft, genau festzulegen, wie viele Scheiden er fertigen muss, bevor er die Rohmaterialien einkauft. Das wird verstanden, und die Leute spielen gern mit.

6. **Begrenzen**. Wenn Du Dein neues Produkt oder Deinen neuen Service anbietest, musst Du dies für eine begrenzte Zeit und in begrenzter Anzahl tun. Und natürlich musst Du das Angebot auf die Leute beschränken, die Dich in der Entstehung unterstützt haben. Dadurch fühlen sie sich als etwas ganz Besonderes. Und Mangel bewegt die Menschen. Das verleiht

Deinem neuen Angebot – an dessen Herstellung sie selbst beteiligt waren – eine gewisse Dringlichkeit. Mangel wirkt. Je geringer die Stückzahl, die im Angebot ist, je kürzer das Zeitfenster für den Kauf, desto wahrscheinlicher ist es, dass die Leute kaufen. Threadless fertigt nur eine bestimmte Anzahl von T-Shirts. Wenn das T-Shirt ausverkauft ist, dann war's das. Das ist mit der Grund dafür, dass jeder das neue T-Shirt kaufen möchte ... schnell.

7. **Mehr liefern als versprochen**. Ein Risiko beim Einsatz der Insider-Strategie liegt darin, dass jeder in den Prozess so einbezogen ist, genau weiß, was er bekommen wird. Und sie alle wollen es immer noch – und zwar ganz doll –, aber wenn sie es dann erhalten, ist das eine kleine Enttäuschung. Es ist so, als würde ich Dir jedes für Dich bestimmte Geschenk verraten – und zwar am Tag *vor* Deinem Geburtstag ... Menno. Also liegt der Schlüssel darin, mehr zu liefern, etwas Unerwartetes. Eine Überraschung ist gut.

8. **Nachhalten**. Und wieder: Der Vorteil der Insider-Strategie im Vergleich zum normalen Crowdsourcing ist die Vorhersagbarkeit. Aber Du kannst nichts vorhersagen, wenn Du die Rückmeldungen nicht festhältst. Speichere Deine Daten!

Das Schiff steuern

Die Insider-Strategie funktioniert so hervorragend, das haut Dich um. Aber bedenke, dass Du Dein Unternehmen nach wie vor in die Richtung zu lenken hast, in die Du gehen möchtest. Du kannst Deinen Kunden nicht erlauben, alles zu kontrollieren, jede Kurve, jeden Zirkel und jede Deiner Entscheidungen, als wäre Dein Unternehmen ein Wunschkonzert und als hätten sie die Macht, jedes Stück zu diktieren.

Kunden haben nur ihre eigenen Wünsche im Kopf. Sie denken nicht an Overhead-Kosten, an Ressourcen, an Marken-Integrität oder Deine langfristige Planung. Du als Unternehmer musst verstehen, wo ein Kunde hinmöchte. Doch wenn ihre Wünsche in Deinem Rahmen nicht erfüllt werden können – wenn sie außerhalb Deines Sweetspots liegen –, dann musst Du die Entscheidung der Führungsriege (das bist Du!) treffen, dem nicht zu folgen oder das Ganze so zu verändern, dass es zu Deinem Unternehmen passt. John Green nimmt vermutlich keine Ratschläge der Nerdfighter an, wie die Geschichten seiner Romane sich zu entwickeln haben. Und wenn Paul Scheiter die außergewöhnlich hohen Qualitätsstandards für seine Scheiden für ein von seiner Community ausgewähltes Messer nicht aufrechterhalten kann, dann wird er sie nicht herstellen.

Engagiere Deine Kunden, sodass sie aktiv dabei mitmachen, Dein nächstes Produkt, Deine nächste Dienstleistung zu entwickeln. So kannst Du herausfinden, wie groß das Interesse ist, und das Risiko minimieren. Ermuntere sie, selbst Schweiß in Dein nächstes Angebot zu investieren, damit ihr Kaufinteresse größer und es wahrscheinlicher ist, dass sie selbst für Dich im Marketing aktiv werden. Behalte einfach im Kopf – Du bist der Kapitän des Schiffes. Sie sind der Wind unter Deinen Flügeln … äh, in Deinen Segeln.

Was ist, wenn die Kunden sich etwas wünschen, das Dich überfordert? Was passiert, wenn sie von Dir einen Teleporter für 5 Euro fordern oder irgendetwas anderes, das mit Blick auf Deine Fähigkeiten unmöglich ist? Sag Deiner Community, dass Du in einer Patt-Situation steckst. Du kannst dann zwei verschiedene Wege gehen. Du könntest ihnen sagen, dass das gewünschte Projekt sich in naher Zukunft nicht realisieren lassen wird und dass Du ein ähnliches Projekt in Angriff nehmen wirst. Oder Du wendest Dich zur Lösung des Problems an Deine Crowdsourcing-Community. Vereinbare einen Termin mit Deiner Community und sammle ihre Ideen. Bitte eine Handvoll der pfiffigsten und engagiertesten Leute, Dir Orientierung und Impulse zu geben. Wer weiß, vielleicht ist einer der aufgepeitschten Teilnehmer Spock und Du bekommst doch noch eine Konstruktionszeichnung für die Teleporter.

Der Arbeitsplan

30 Minuten (oder weniger) Action

1. Deine Routine planen. Bevor Du loslegst, planst Du Deine Routine entlang der einzelnen Schritte, sodass es wahres Interesse für Deine große neue Idee gibt, Du Zeit hast, auf das Interesse zu reagieren, ein Produkt zu entwickeln und es an den Start zu bringen. Du möchtest nicht, dass die Leute alle total heiß und aufgeregt sind wegen Deines neuen Produkts oder Deines neuen Services und sie dann einfach hängen lassen.

2. Die Lage checken. Beginne mit einer Vorprüfung, der einfachen Frage, die Dir hilft, herauszufinden, wie das Interesse an Deinem Angebot ist. Schicke eine E-Mail, poste es auf Deiner Facebook-Seite, frage die Leute über Twitter, frage Kunden, wenn Du sie triffst.

3. Engagement der Helfer und Austausch mit ihnen festlegen. Drehst Du ein Video, um alle über den Prozess auf dem Laufenden zu halten? Wirst Du Updates auf Deinem Blog posten? Stellst Du eine kleine Gruppe von Leuten zusammen, die Du jede Woche triffst, um sie mit Daten zu versorgen? Tweetest Du Deine Updates täglich? Lege dies gleich von vornherein fest, damit Du vorbereitet bist, diese Zusatzarbeit zu erledigen, um Deine Helfer auf dem Laufenden zu halten.

Der Pumpkin Plan in Deiner Branche – Gesundheitssektor

Angenommen, Du besitzt und betreibst ein Pflegeheim. Stell das Tablett mit dem Essen ab, geh am Fernsehzimmer vorbei und setz Dich in Dein Büro. Es ist Zeit, den Pumpkin Plan auf Dein Unternehmen anzuwenden.

Von all den Pflegeheimen in einem Umkreis von 100 Kilometern ist Deines das Heim, das am meisten wie ein Zuhause wirkt. Das einzige Problem besteht darin, dass Du viele leere Betten hast. Deine Konkurrenz mit ihren großen, sterilen, charakterlosen Gebäuden haben kilometerlange Wartelisten. Du hingegen hast einen ganzen Gebäudeflügel mit leeren Zimmern, in denen sich der Staub sammelt. Du schaltest Fernsehwerbung, die gleich null Interessenten einbringt. Aus irgendwelchen Gründen entscheiden sich die alten Leute und die, die sich um sie kümmern, nach wie vor für Deine Konkurrenz.

Also schaust Du Dir Deine Top-Kunden an: die Leute, die selten meckern, immer pünktlich zahlen und mehr als ein Familienmitglied in Deiner Einrichtung untergebracht haben. Du interviewst die Top-Kunden – Bewohner und deren Familien – und findest heraus, was sie an Deiner Branche am meisten nervt. Es ist keine Überraschung, dass Du erfährst, dass sie den spürbaren Kommerz der großen Anbieter nicht mögen. Sie schätzen die entspannte, lockere Atmosphäre Deines Hauses. Die heimelige Einrichtung, die Art, wie Deine Mitarbeiter alle wie Familienmitglieder behandeln, dass die Cafeteria nicht wie eine Cafeteria wirkt (und schmeckt), sondern mit den großen runden Tischen und dem Essen wie bei Muttern an Zuhause erinnert.

Doch es gibt ein „kleines" Problem: Deine Top-Kunden finden die eingeschränkte Besuchszeit schwierig und den winzigen Parkplatz. Sie wünschen sich, enger mit ihren Familien in Kontakt zu bleiben (und umgekehrt), ohne auf einen Besuch warten zu müssen. Durch diesen Umstand wirkt Dein Heim fast wie ein Krankenhaus.

Und durch den winzigen Parkplatz müssen viele Leute fast einen Kilometer entfernt beim nächsten Café parken, wenn sie zu Besuch kommen. Viele Familien haben einen geplanten Besuch bei Oma und Opa abgesagt, weil sie keinen Parkplatz finden konnten. Nicht gut. Gar nicht gut.

Also besprichst Du das mit Deinem Team, und Ihr macht ein Brainstorming, um dieses Problem zu lösen. Du präsentierst Eure Ideen Deinen Top-Kunden, um deren Reaktion zu sehen, und Ihr passt Eure Pläne auf der Basis ihrer Rückmeldungen an. Du beschließt, fünf neue Computer anzuschaffen und einen Studenten zu engagieren, der den Heimbewohnern bezüglich E-Mails, Facebook und täglichen Skype-Treffen mit ihren Familien hilft. Du engagierst ehrenamtliche Helferinnen und Helfer, um mit den Bewohnern gemeinsam Briefe an ihre Familien zu verfassen. Du zeichnest Veranstaltungen auf Video auf und postest sie im Livestream und auf einem sicheren YouTube-Kanal – während Du Deine „Zuhause fern der Heimat"-Mission aufrechterhältst. Oh, und Du triffst die geistig wenig herausfordernde Entscheidung, die Besuchszeiten um weitere vier Stunden täglich zu erweitern. Ja, das verlangt mehr Personalkosten. Unglückliche Kunden aber kosten *weit, weit* mehr.

Als nächstes nimmst Du die Parkplatzsituation in Angriff. Aufgrund von Umweltbestimmungen und Flächennutzungsplänen kannst Du Deinen bestehenden Parkplatz weder ausbauen noch verändern. Das fällt also aus. Du kannst aber beim Nachbargebäude einen Parkplatz reservieren. Also kaufst Du einen Shuttlebus. Dann triffst Du Dich mit dem Besitzer des Cafés, das einen Kilometer entfernt liegt (der zufällig einen Riesenparkplatz hat). Ihr verabredet, in seinem Laden ein besonderes Telefon einzurichten. Wenn also eine Familie ankommt, können sie ins Café gehen und das Shuttle rufen. Der Cafébesitzer ist begeistert von der Idee, weil er jetzt Familien hat, die fünf Minuten in seinem Laden warten, bis das Shuttle kommt. Und was glaubst Du, was sie in diesen fünf Minuten tun? ... Genau, sie bestellen sich einen Kaffee (und manchmal Gebäck, weil Oma diese Schoko-Croissants so liebt).

All Deine Heimbewohner und ihre Familien sind heilfroh, dass Du es ihnen erleichtert hast, miteinander in Kontakt zu bleiben. Du kommst gar nicht umhin, wahrzunehmen, dass die Bewohner häufiger lächeln. Sie wirken entspannter. Sie lachen häufiger und sprechen öfter miteinander. Eine Lokalzeitung berichtet über Dich, und die Geschichte erscheint in der ganzen Region. Du bekommst Anrufe von Familien, die ihre geliebten

Angehörigen in Dein Heim *verlegen* möchten. Eine Frau fragt sogar an, die von einer Familie von Deiner Einrichtung gehört hat, als die sich im Café während des Wartens auf den Bus unterhielten. Nach wenigen Monaten ist Dein leerer Flügel voll neuer Bewohner.

Dann rufst Du Deine Top-Kunden an und fragst sie, ob sie Dich anderen Unternehmen gegenüber empfehlen würden, mit denen sie im Rahmen der Betreuung ihrer Senioren zu tun haben. Du bekommst die Namen zahlreicher Notare, Gesundheitsberater und Versicherungsmakler. Du setzt Dich mit allen zusammen und fragst sie, wie Du ihnen helfen könntest, ihre Kunden besser zu betreuen. Das finden sie großartig und fragen nach, um mehr über Deine Einrichtung zu erfahren. Du erläuterst Deine Mission und erzählst ihnen von einigen Veränderungen, die Du eingeführt hast. Tatsächlich sind viele von ihnen auf der Suche nach einer Möglichkeit, mit den Bewohnern und deren Angehörigen zugleich besser zu kommunizieren. Und Du bietest ihnen an, Skype-Meetings mit ihnen, den Bewohnern und deren Angehörigen anzusetzen. Sie können dafür Deine Technikbeauftragten nutzen (Studis lieben schicke Titel).

Bald hast Du zufriedene Heimbewohner, zufriedene Angehörige und zufriedene Kooperationspartner, die mit jeder Menge weiterer Kunden zusammenarbeiten, die auf der Suche nach guten Pflegeheimen sind. Diese Kooperationspartner empfehlen Dich bei vielen weiteren Leuten. Innerhalb eines Jahres fragen Investoren bei Dir an, um neue, ähnliche Einrichtungen in anderen Teilen des Landes aufzubauen. Dein Ruf eilt Dir voraus. Da staunst Du, wohin so ein bisschen Problemlösen alles führen kann?

Kapitel 10: Kugelrund und gesund

Lass uns mal einen Blick darauf werfen, wie ich dazu gekommen bin, den Pumpkin Plan einzusetzen, ok? Mein Berater Frank hat mich total eingeschüchtert mit dieser Geschichte von dem Typen mit einem Ei, ein Bericht über Riesenkürbisse hat mir den Impuls gegeben und dann habe ich die Strategien der Kürbiszucht auf mein eigenes Unternehmen angewendet. Und wie bei so einem gigantomanischen Riesenkürbis, kaum hatte ich die Wurzeln für mein Unternehmen richtig gesetzt ..., da ging das mit dem Wachstum explosiv vonstatten.

Nach bloß zwei Jahren hatte Olmec 75 neue *Top*-Kunden, die so gut zu meinem Unternehmen passten, dass es quasi eine Gesellschaft gegenseitiger Bewunderung wurde. Wie habe ich meinen Giganto-Kürbis entwickelt? Mithilfe eines Prozesses, den ich gern „die Kooperationspartner-Quelle anzapfen" nenne.

Diese Technik funktioniert so gut, dass ich denke, Du wirst Dich wohl in mich verlieben. Was irgendwie schon abstrus ist, schließlich bin „ich" ein Buch. Vor einigen Jahren habe ich von einem Koreaner gehört, der sein Kissen geheiratet hat – Hochzeitsfeier und alles. Also, vielleicht ist das gar nicht so abwegig ... So lange Du mir (also dem Autor) Fotos von der Hochzeit schickst – Du und das Buch so richtig hübsch angezogen und zurechtgemacht, gebt Euch das Ja-Wort, führt alberne Hochzeitstänze auf, füttert Euch gegenseitig mit Hochzeitstorte, Flitterwochen irgendwo im Pazifik mit Hula-Unterricht von Tom, dem Navy Seal.

Aber Ihr müsst noch einen Augenblick warten. Bevor ich Euch in diese großartige Technik einweihe, musst Du verstehen, dass diese Strategie für Dich nur dann funktioniert, wenn Du die übrigen Dinge, die ich in diesem Buch erläutert habe, bereits umgesetzt hast. Der Pumpkin Plan ist eine Schritt-für-Schritt Wachstumsstrategie, bei der jeder Schritt auf dem vorherigen aufbaut. Es ist eine Entwicklung – erst brauchst Du starke Wurzeln. Zudem musst Du ständig aufmerksam Unkraut zupfen und dann Folgendes tun ... wie bekloppt gießen. Wenn Du das alles noch nicht getan hast, dann geh bitte zurück zu den Kapiteln 1 bis 9, bevor Du in dieses Kapitel eintauchst. Tust Du das nicht, wird es nicht funktionieren.

Die Quelle der Kooperationspartner anzapfen

Auf diese Strategie bin ich in meinen Olmec-Tagen gestoßen. Nachdem ich begonnen hatte, mit meiner eigenen, primitiveren Variante des Pumpkin Plans zu arbeiten. Die Dinge liefen besser. Es stand sogar ziemlich *gut*, wenn man genau hinschaut. Wir hatten Geld, weniger Stress, bessere Kundenbeziehungen und keine gammeligen Kunden, die unseren Fortschritt behinderten. Und während der Typ mit dem einen Ei nicht länger auf meiner Schulter hockte und jeden meiner Schritte verhöhnte, erschien er mir nach wie vor gelegentlich im Traum. Ich nehme mal an, dass ein Teil von mir immer noch darauf wartete, dass ich entlarvt werden und unser anständiges Unternehmen sich wieder in meine persönliche Hölle verwandeln würde.
Ich schaute mir unsere Kundendaten an, und mir fiel auf, dass mehr als 30% unseres jährlichen Umsatzes von Hedgefonds-Unternehmen stammte, wir aber nur wenige Hedgefonds-Kunden hatten. Der Rest unserer Kunden bestand aus einer Vielzahl von Branchen. Ich erinnerte mich an die 80/20-Regel, und mir wurde klar, dass wir unsere Nische weiter verkleinern mussten. Wir entschlossen, uns umzubenennen, und wurden die Experten für Hedgefonds-Technologien. Wir veränderten unseren Fokus, unsere Message und unsere Marke, um besonders diesen Kunden spezielle Angebote unterbreiten zu können. Zuvor waren wir diejenigen gewesen, die Computer reparierten und mit Hunderten anderer Anbieter in unserer Stadt konkurrierten, die ebenfalls Computer reparierten, nun hatten wir bloß noch zwei Konkurrenten – auf nationaler Ebene.

Das einzige Problem war bloß, dass ich immer noch nicht herausgefunden hatte, wie wir *mehr* Top-Kunden akquirieren konnten. Mir war bewusst, dass diese nicht einfach auf wundersame Weise auftauchen würden. Und meine zuvor angewandte Methode des Klinkenputzens war zu anstrengend und hatte fast überhaupt keine Ergebnisse erzielt. Also fiel auch das aus. Darauf zu warten, dass meine Top-Kunden mich anderen Top-Kunden empfehlen würden (was sie taten – jedenfalls manchmal), fühlte sich an, wie von Los Angeles nach San Francisco zu fahren mit dem Umweg über Michigan ... auf kleinen Landstraßen ... in einem Golf-Caddy ... dem ein Rad fehlt. Es dauerte einfach *viel* zu lang.

Eines Tages hatte ich eine Eingebung. „Wenn meine Top-Kunden mich verstehen und ich sie verstehe, dann haben sie vermutlich ähnliche Beziehungen zu anderen Anbietern, die eigene Top-Kunden haben. Genau wie ich meine Top-Ten meine absoluten Favoriten, die allerallerbesten Kunden habe, haben diese anderen Anbieter vermutlich ebenfalls ihre Top-Ten-Favoriten. Und so haben dieser Anbieter und ich schon eine Sache gemeinsam ... wir haben beide schon für einen meiner Top-Kunden gearbeitet. Und weil wir dies gemeinsam haben, könnte ich mich vermutlich mit diesen Anbietern treffen und schlussendlich könnte ich vielleicht auch für deren Top-Kunden arbeiten."

Ok, vielleicht war meine Idee nicht direkt so ausformuliert, aber ich hatte eine Idee, dass die Anbieter meiner besten Kunden eine bislang noch nicht angezapfte Quelle für weitere Neukunden für mich sein könnten.

In der Vergangenheit war ich ein großer Anhänger des „Um-Empfehlungen-Bittens" gewesen: Arbeite vernünftig, und wenn Du fertig bist, fragst Du: „Bist Du zufrieden mit meiner Arbeit?" Warten auf das Ja. Warten. Warten... auf ... das... Ja. Dann fragst Du die schmierigste Frage, die je im Empfehlungsmarketing erfunden wurde: „Hast Du Freunde oder Bekannte, die ebenfalls von unserer Arbeit profitieren könnten?" Und dann schaust Du, wie die Empfehlungen nur so hereinfluten.

Das zumindest war das, was erwartet wurde.

In meinem Fall (und ich wette, auch in Deinem) sah die Realität ganz anders aus. Kunden darum zu bitten, mich weiterzuempfehlen, führte zu unangenehmen Momenten für alle Beteiligten. Anstatt das Projekt mit einem dicken „Danke" abzuschließen, fragte ich meine Kunden, die mich ja nun bereits bezahlten, mir *noch mehr zu geben*. Sehr unangenehm.

Versetze Dich mal in Deinen Kunden. Du bittest ihn darum, Dir einen Gefallen zu tun (nachdem er Dir schon einen *Riesengefallen* hat, indem er von Dir gekauft hat). Und Du bittest ihn darum, sich für Dich möglicherweise aus dem Fenster zu lehnen. Wenn er Dich jemand anderem empfiehlt, wirst Du in Zukunft für ihn nicht im gleichen Maße zur Verfügung stehen. Oder vielleicht teilst Du das Wissen, dass Du auf seine Kosten erworben hast, mit dem neuen Kunden. Oder vielleicht wird sein Freund von Dir nicht genauso begeistert sein, und nicht nur Du siehst dann übel aus, auch *er* steht dumm da.

Also, dieser halbgare Weg, um Empfehlungen zu bitten, führt häufig zu halbherzigen Empfehlungen. In diesem unangenehmen Augenblick fühlt sich der Kunde verpflichtet, ja zu sagen, selbst wenn er es gar nicht möchte. Er empfiehlt Dich vielleicht gar nicht weiter. oder er empfiehlt Dich an einen Blödmann, weil er möchte, dass Du sein eigenes kleines Geheimnis bleibst.

Schluss damit. Ich habe geschworen, dieses traditionelle „Bitten um Empfehlungen" in die Tonne zu kloppen und etwas Neues zu schaffen.

Also rief ich Larry an, den Liebsten unter meinen liebsten Hedgefonds-Kunden, und bat ihn um ein Treffen. Wir trafen uns im Laufe der Woche und als ich fragte: „Welche Lieferanten, die Du wirklich magst, sind – außer uns – zentral für Dein Unternehmen?“, antwortete er: „Warum möchtest Du mit ihnen sprechen?“ Ich hatte das erwartet. Schließlich bittet nicht jeden Tag einer Deiner Lieferanten um eine Empfehlung *anderer* Lieferanten. Ich bemerkte, wie Larry die Schultern hochzog, als er sich ein bisschen weiter nach hinten setzte. Er fühlte sich offensichtlich nicht wohl.

„Larry, ich möchte Euch den bestmöglichen Service bieten. Um das zu ermöglichen, möchte ich verstehen, was die anderen Schlüssellieferanten für Dich tun. Und dass die Arbeit, die ich mache, zu dem passt, was sie tun, und das noch zusätzlich unterstützt. Ich möchte, dass die Arbeit, die ich bei Dir abliefere, das Beste ist, was Du für Dein Geld kriegen kannst. Auch dadurch, dass ich sicherstelle, Deinen übrigen Lieferanten keine Steine in den Weg zu legen“, erklärte ich. Larry schien überrascht ... und beeindruckt. Nahezu sofort entspannten sich seine Schultern, und er beugte sich lächelnd vor. Unter uns ... der doppelte Martini, den ich für ihn bestellt hatte, hat vermutlich auch nicht geschadet.

„Oh. Das ist großartig!“

Während Larry begann, einen Lieferanten nach dem anderen aufzuzählen, mit dem er gern zusammenarbeitete, dachte ich „Wow, er ist so viel entspannter als damals, als ich ihn darum gebeten hatte, mich anderen potenziellen Kunden weiterzuempfehlen. Hammer, er hört ja gar nicht mehr auf, Empfehlungen hervorzusprudeln.“

Deine Kunden möchten es nicht riskieren, Dich an jemand anderen zu empfehlen, weil sie Dich für sich behalten wollen. Doch dies hier ist anders. Dich mit anderen Lieferanten zu vernetzen, um ihnen besser zu Diensten sein zu können? *Das* können sie machen. Das *wollen* sie gern tun. Tatsächlich glauben sie, dass Du großartig bist, weil Du daran gedacht hast, dass Du Dir so viele Gedanken um sie machst, dass Du sogar losziehst, um mehr über ihr Unternehmen zu lernen und um dann dafür zu sorgen, dass alles so glatt läuft wie irgend möglich. Und wenn es ihnen nicht gefallen hat, dass Du sie mit Deinem VIP-Service begeistern möchtest und mit den Wunschzetteln, mit weniger Versprechen und mehr Liefern, damit, dass Du neue Wege suchst, um ihr Leben einfacher und besser zu gestalten und ihr Unternehmen profitabler – jetzt werden sie Dich definitiv *lieben*.

Schließlich überreichte mir Larry einen Zettel mit fünf Lieferanten und den Namen seiner Hauptansprechpartner in jedem Unternehmen. „Danke. Welcher ist für Dich der zentralste?", frage ich.

Ohne zu zögern sagte er: „Goldman Sachs." Goldman Sachs ist das Clearinghaus, das Larrys Unternehmen nutzt. All das Geld, das sie bewegen, wird von Goldman Sachs gedeckt und so quasi zu Larrys Versicherung. Das war, zweifelsohne, Larrys wichtigster Lieferant.

„Macht es Dir etwas aus, wenn ich sie anspreche und ihnen sage, worüber wir uns ausgetauscht haben?", fragte ich.

„Kein Problem." Wieder, ohne jedes Zögern. Warum? Weil es keine Bedrohung darstellt.

Später rief ich Ben an, Larrys Ansprechpartner bei Goldman Sachs, und bat um ein Treffen. Ich erklärte: „Larry hat gesagt, ich kann mich bei Ihnen melden. Wir sind spezialisiert auf Hedgefonds-Technologie. Und ich hoffe, dass wir uns treffen können, damit ich mir Ihren Rat dazu anhören kann, wie ich arbeiten sollte, um Ihre Zusammenarbeit mit Larry zu erleichtern. und wie wir gemeinsam besser für Larry arbeiten können."

Ist Dir aufgefallen, dass ich Ben um Rat bitte? Verstehst Du das? „Um Rat bitten?" Du bist gut. Du bist richtig gut.

Menschen (Dich eingeschlossen) lieben es, Ratschläge zu erteilen. Es befriedigt unsere Egos. Niemand steht da drüber. Ich? Ha! Ich habe ein Buch geschrieben, in dem ich einen Ratschlag nach dem anderen gebe. Kann mal jemand „große Ego-Nummer" sagen?

Ben stimmte sofort zu, dass wir uns treffen könnten, weil er sich geschmeichelt fühlte, dass ich ihn um Rat fragen wollte. Und weil wir ohnehin schon etwas gemeinsam hatten – einen Top-Kunden. Als wir uns trafen, erläuterte ich kurz, was wir für Larry taten. Dann drehte sich die Diskussion nur noch um Ben und Goldman Sachs. Ich stellte eine Menge ähnlicher Fragen, die ich Kunden stelle, wenn ich ihren Wunschzettel zusammenstelle.

„Was würde Ihre Arbeit erleichtern?"

„Was sollte Larry besser verstehen mit Blick auf die Arbeit, die Ihr für ihn erledigt?"

„Wann möchten Sie Updates haben mit Blick auf die Dinge, die ich für Larry erledige?"

„Was nervt Sie im Hinblick auf Technologie-Unternehmen wie meins?"

„Was ist Ihr größtes Problem, wenn Sie mit solchen Hedgefonds zusammenarbeiten?"

Du siehst, die letzte Frage bezieht sich nicht speziell auf Larry. Das Allerletzte, was ich tun möchte, ist unseren gemeinsamen Kunden zu dissen. Und ich möchte Ben (also Goldman Sachs) nicht dazu bringen, dass er sich unwohl fühlt, weil er ihn vorführt. Wie ich schon in den vorhergehenden Kapiteln gesagt habe: Wenn Du Fragen über eine Branche stellst, anstatt zu bestimmten Personen oder Unternehmen, erlaubst Du den Leuten, ihre Beschwerden zu formulieren, ihre Bedenken, Ideen und geheimen Wünsche. Es ist ein bisschen so, als würde man über den Typen sprechen, dem ein Popel aus der Nase hängt –, wenn er nicht im Zimmer ist. Niemand sagt ihm das ins Gesicht, aber in dem Moment, in dem er den Raum verlässt, beginnt das Ekel-Fest. Wir teilen unsere wahren Gedanken offen über einen Dritten, der nicht an unserem Gespräch teilhat. Und das möchtest Du. Feedback zu den Popeln einer anonymen Angelegenheit wie einer Branche.

Bevor wir unser Treffen beendeten, versprach ich Ben, mit Ideen wieder auf ihn zuzukommen, wie wir gemeinsam daran arbeiten könnten, Larrys Unternehmen besser zu Diensten zu sein. Und das Beste war – das war kein Lippenbekenntnis. Ich habe nicht versucht, mich bei Goldman Sachs dadurch einzuschleimen, dass ich mir Mühe gab, Ben und sein Team total zu beeindrucken. Ich bin hier ernsthaft im Versorgermodus unterwegs. Ich gehe über die normale Pflege und Fütterung unserer Hedgefonds-Kunden hinaus, um den größten, verdammten Kürbis der ganzen Gegend zu ziehen.

Und ich bin begeistert. Wirklich begeistert. Das ist es, wofür ich lebe, und das sieht man. Larry weiß das. Ben weiß das. Jeder weiß das. Und weil Ben und sein Team sehen konnten, wie leidenschaftlich und ernsthaft ich zu diesen Dinge stehe, vertrauten sie mir – mit ihrer Zeit, ihren Ideen und Informationen und ihren Empfehlungen.

Nachdem ich eine Beziehung zu Goldman Sachs aufgebaut hatte, die für beide Seiten von Vorteil war, bat ich Ben um ein weiteres Meeting. Diesmal sagte ich: „Ich möchte, dass mein Unternehmen wächst. Könntest Du mich anderen Kunden weiterempfehlen, die einen Experten für Hedgefonds-Technologie brauchen könnten? Ich möchte auf unsere gemeinsame Arbeit aufbauen, wie beim ersten Mal."

Was glaubst Du, was Ben sagte?

Das ist so: Ich bin kein Konkurrent. Und ich bitte *nicht* darum, dass er mich an Konkurrenten weiterempfiehlt. Und ich bitte ihn *nicht* um etwas, das meine Verfügbarkeit für ihn schmälert. Worum ich ihn bitte, wird ihn in Wirklichkeit sogar noch mehr helfen, und mir wird es helfen, ihm gegenüber *aufmerksamer* zu sein. Alles, was ich getan habe, ist, ihn zu unterstützen. Ich lasse ihn Larry, unserem gemeinsamen Kunden, gegenüber gut aussehen. Natürlich sagt er ja.

„Na klar", sagte Ben ohne jedes Zögern. „Warum kontaktierst Du nicht mal diesen Kunden?"

Es ist eine kleine Empfehlung, ein prüfender Zeh im Wasser. Ben möchte sichergehen, dass ich es nicht vermassle, aber das geht in Ordnung. Ich mache mir keine Sorgen. Ich arbeite mit dem Pumpkin Plan, also *weiß* ich, dass ich auch die Welt dieses potenziellen Kunden erschüttern werde. (Was dann auch passierte.) Und ich weiß das auch, weil Larry und ich einander so gut verstehen, und dass Larry und Ben einander so gut verstehen, dass der neue Kunde und ich einander auch sehr bald sehr gut verstehen werden. (Was genauso eintrat.) Und ich weiß, dass Ben, wenn ihm auffällt, wie zufrieden dieser neue Kunde mit meiner Arbeit ist, mir mehr und mehr Empfehlungen schicken wird. Und dann noch eine und noch eine. (Was er tat.) Lass den Wasserfall sprudeln.

Einer der Lieferanten, an die Larry mich weiterempfahl, war Woodtronics, ein Unternehmen, das ergonomische Schreibtische speziell für den Wertpapierhandel herstellte und installierte, wie sie in den Hedgefonds-Unternehmen gang und gäbe waren. Hast Du schon jemals jemanden an einem solchen Schreibtisch arbeiten sehen? Das wird für gewöhnlich echt heftig. Sie fluchen, werfen Papier durch die Gegend, fluchen mehr, werfen Kulis, fluchen noch mehr, tigern umher wie Tiere im Käfig und fluchen darüber, dass sie so viel fluchen. Es ist wie ein Cage Fight ohne Boxen. (Obwohl das auch gelegentlich vorkommt.)

Ich hatte schon eine Weile mit diesen Trading-Tisch-Leuten sprechen wollen, weil, naja, die gingen mir irgendwie auf den Keks. Jedes Mal, wenn sie Möbel verrückten oder neue aufstellten, rissen sie unsere Kabel heraus (ohne zu verstehen, was sie anrichteten) und steckten ihre eigenen Kabel ein. Dann kamen wir und rissen *ihre* Kabel heraus (weil wir es nicht besser wussten), und dann tickten die Hedgefonds-Typen aus, weil die Technik, auf die sie angewiesen waren – wie *Luft* – zusammenbrach. Schlicht und ergreifend, weil ich den anderen nicht verstehen konnte – und er mich nicht.

Also freundeten wir uns mit den Trading-Tisch-Leuten an. Ich fragte: „Wie kann ich Euch helfen, Larry besser zu versorgen?"

„Hört auf, unsere Kabel herauszureißen!"

„Was? Ich wollte Euch bitten, *unsere* Kabel nicht mehr herauszureißen!", sagte ich.

Das war der Moment, wo uns beiden klar wurde, was wir die ganze Zeit getan hatten ... wir rissen die Kabel des jeweils anderen aus den

Steckdosen heraus. Also sagte ich: „Ok, könntet Ihr uns zeigen, wie wir Eurer Meinung nach einen Trading-Tisch ordentlich verkabeln sollten?"

Jap. Das war alles. Sobald wir herausgefunden hatten, wie wir Larrys Computer warten mussten, ohne den Rest des Schreibtisches dabei zu verwüsten, liebten die Trading-Tisch-Leute uns. Die Hedgefonds-Leute liebten uns. Mann, wir konnten *uns selbst* besser leiden. Schon bald empfahlen uns die Trading-Tisch-Leute überall weiter, ohne dass wir überhaupt gefragt hätten, weil sie nicht wollten, dass *irgendwelche anderen* Kabel-Reißer ihre Kunden belieferten.

Heiliges Kanonenrohr. A propos Sensation über Nacht. Innerhalb eines Monats hatten wir mehr Kunden, als wir uns je hätten vorstellen können. Klar, das waren nicht alle Top-Kunden, aber wir konnten uns die Kunden aussuchen. Wer würde sich darüber beschweren?

Im Verlaufe der nächsten 18 Monate vermittelte mir Goldman Sachs 75 seiner Top-Kunden, die rasch meine neuen Top-Kunden wurden. 75! Ich hatte herausgefunden, wie wir die Lieferantenquelle anzapfen konnten, um meine Kundschaft meinen neuen Pumpkin-Plan-Standards entsprechend auszubauen.

Und damit verschwand der Typ mit dem einen Ei aus meinen Träumen. Er hinterließ nicht einmal Erinnerungen an unsere gemeinsame Zeit. Keine dritten Zähne, die in einer Dose in meinem Bad vor sich hin sprudelten. Kein Geruch nach altem Mann, der meine Nase kitzelte. Er war weg ... für immer.

Bewegung in konzentrischen Kreisen

Wenn man einen Mammut-Kürbis zieht, dann verteilt man seine Samen nicht über 10 Hektar. Du konzentrierst Dich auf ein Viertel Hektar, setzt einen Samen (oder zwei, wenn Du wirklich ehrgeizig bist), und fokussierst Dich darauf, diese Pflanze zu hegen und zu pflegen. Weil Dir begrenzte Ressourcen zur Verfügung stehen (Zeit, Marketingbudget usw.), kannst Du nicht so effektiv und sichtbar sein, wenn Du versuchst, zu viel Grund und Boden abzudecken.

Wenn Du Dich darauf konzentrierst, innerhalb eines eng gesteckten Gebiets zu bewegen, sehen potenzielle und aktuelle Kunden Dich häufiger. Nachdem wir Olmecs Nische darauf fokussiert hatten, hauptsächlich mit Hedgefonds zu arbeiten, begannen wir, uns dort herumzutreiben, wo sie sich herumtrieben. Wir traten jenen Clubs, Gesellschaften und anderen Gruppen bei, denen sie angehörten. Wir schalteten Anzeigen in ihren Fachpublikationen. Wir aßen dort zu Mittag, wo sie zu Mittag aßen. Wir bewegten uns in konzentrischen Kreisen und konzentrierten uns nur auf Hedgefonds-Gesellschaften, bis wir – in ihren Augen – überall waren.

Es gibt einen Vertrauensgrenzwert, einen Moment, wenn Du jemanden sooft gesehen hast, dass Du ihm traust. Du glaubst, ihn zu kennen, auch wenn Ihr einander nie gesprochen habt. Der Typ aus dem vierten Stock, den Du jeden Morgen im Café triffst – Du kennst ihn nicht, aber weil Du ihn jeden Tag siehst, fängst Du an, ihn als „netten Kerl" wahrzunehmen. Er könnte der größte Perverse des gesamten Planeten sein, aber weil Du ihn oft genug gesehen hast, traust Du ihm. Im Business funktioniert das genauso.

Veranstalte Dein Marketing lediglich dort, wo Deine potenziellen Schlüsselkunden sich aufhalten, die dann glauben, dass Du überall bist. Nimm an ihren Branchenkonferenzen und Messen teil. Geh zu ihren Workshops. Kauf Ausstellungsfläche, wenn sie Fundraising betreiben. Besuch sie am Tag der offenen Tür. Schreibe einen Gastbeitrag für ihre Blogs. Sie werden darauf bauen, dass Du der ultimative Experte bist, das Unternehmen, zu dem sie gehen müssen, wenn sie das Produkt oder die Dienstleistung benötigen, die Du anbietest. Und wie der Typ im Café, wenn sie a Dich überall sehen, werden sie ganz selbstverständlich annehmen, dass Du ein "netter Kerl" bist.

Als wir Olmec von „den Computer-Typen" zu den Hedgefonds-Technologie-Experten umfirmierten, wurden wir, quasi über Nacht, eines von drei Unternehmen, das sich darauf spezialisiert hatte, für Hedgefonds-Unternehmen zu arbeiten. Wir mussten nicht mehr über den Preis konkurrieren; wir konnten über Qualität oder Tempo und Effizienz in den Wettbewerb gehen. Wir konnten innovativ sein und eine richtige Welle machen, anstatt fast unsichtbar zu bleiben. Wir konnten dieses enge Territorium abdecken und einfach „überall sein", um Vertrauen bei unsere potenziellen und aktuellen Kunden aufzubauen. Wir konnten uns mit anderen Lieferanten zusammentun, um unsere Kunden beim Ausbau ihrer Unternehmen zu unterstützen. Wir konnten Allianzen mit diesen Lieferanten bilden, um einander weitere Kunden zu schicken, Kunden, die leicht zu Aspiranten für den Top-Kunden-Status werden konnten.

Mit unserer Konzentration auf die enge Nische konnten wir die Lieferantenquelle anzapfen, die Probleme unserer Kunden lösen (und den Kram aus dem Weg räumen, der deren Lieferanten total annervte), wir konnten uns in konzentrischen Kreisen bewegen und ein ordentliches

Kundenraster für genau die Kunden entwickeln, die wir brauchten, um in ein Giganto-Unternehmen mit mehreren Millionen Umsatz zu wachsen.

Und es hat funktioniert. Stopf das mal in Dein Maiskolben-Tabakrohr und rauch's. Ja, eine Maiskolben-Tabakrohr ..., das rauchen wir Bauern.

Der Arbeitsplan

30 Minuten (oder weniger) Action

1. Die 80/20-Regel anwenden. Schau Dir die Short-List Deiner Top-Kunden an und lege fest, welche wenigen Kunden (die Top 20 Prozent) Dir den meisten Umsatz bringen (80 Prozent). Mit anderen Worten: In welcher Branche arbeiten die meisten Deiner Kunden mit dem höchsten Umsatz? Denk darüber nach, wie Du Dein Unternehmen mit diesem engen Fokus neu aufstellen könntest. Wie könntest Du diese Nische besser bedienen? Wie viele Konkurrenten hättest du, wenn Du ausschließlich diese Branche bedienen würdest? Wie würdest Du mit diesem verengten Fokus das beschreiben, was Ihr tut?

2. Die Lieferantenquelle anzapfen. Ruf Deine drei Top-Kunden an und bitte um ein Treffen, um herauszufinden, wer die Lieferanten ihres Vertrauens sind. Erstelle im Vorfeld eine Liste mit Fragen. Dann vereinbarst Du mit mindestens einem Lieferanten dieser drei Kunden-Empfehlungen ein Treffen und tut Euch zusammen, um Euren Kunden besser zu Diensten sein zu können. Schließlich wirst Du die Lieferanten darum bitten, Dich an ihre bevorzugten Kunden weiterzuempfehlen; für den Augenblick helft Ihr einander, Eure Kunden zu beeindrucken.

3. Beginne damit, Dich in konzentrischen Kreisen zu bewegen. Jetzt, da Du Deine Nische enger gesteckt hast, machst Du eine Liste all jener Orte, an denen Deine zukünftigen und aktuellen Kunden aller Wahrscheinlichkeit nach auftauchen – von Online-Magazinen bis hin zu Messen, von Gesellschaften bis hin zu Wohltätigkeitsveranstaltungen. Dann plant Ihr, an so vielen dieser Orte wie nur möglich ebenfalls aufzutauchen. Zeig Dich nicht in Deinem „Verkaufen"-Modus – sei einfach nur da.

Der Pumpkin Plan in Deiner Branche – Freiberufler

Angenommen, Du bist Anwalt und sitzt in Deinem Büro, umgeben von in Leder gebundenen Büchern und Papierstapeln. Entstaube Dein E-pluribus-unum-shakira-Gedöns und lass uns den Pumpkin Plan auf Deine Branche anwenden.

Du hast eine gut laufende Anwaltskanzlei, teilst Dein Büro mit einer Reihe weiterer Anwälte, die genau wie Du noch ihre Bafög-Schulden abbezahlen. Du verdienst gutes Geld, aber Du möchtest *richtig* gutes Geld verdienen. Das Problem ist, dass Du zu viel zu tun hast, um überhaupt nur über Marketing *nachzudenken* oder über Netzwerken oder auch nur darüber, die Laufzeit Deiner Anzeige in den Gelben Seiten zu verlängern.

Nachdem Du Deinen Bewertungsbogen ausgefüllt hast, beschließt Du, diejenigen Mandanten gehen zu lassen, die so viel von Deiner Zeit in Anspruch nehmen und sich über die Rechnungen beschweren, dass Du sehr an Dich halten musst, um sie nicht als „Obermotz" anzusprechen, wenn Du mit ihnen telefonierst (*darüber* musstest Du nicht lange nachdenken). Dann sägst Du ein paar Mandanten ab, die lieber brüllen als sprechen, und konzentrierst Dich auf Deine sieben Top-Mandanten.

Lulu ist die erste Mandantin, die Du anrufst. Du hast Lulu noch nie getroffen – da sie zwei Stunden nördlich von Dir entfernt wohnt,regelt Ihr alle Angelegenheiten telefonisch. Du gehst Deine Liste mit Interviewfragen durch, fragst, was sie am meisten an Deiner Branche stört, und bist überrascht, als sie sagt: „Die Anwälte möchten mir die Verträge nicht vorlesen."

Du liest Deinen Mandanten die Verträge seit Jahren vor, weil Du einfach sichergehen möchtest, dass sie *wirklich* verstehen, was da drin steht. Das spart auch *Dir* Zeit und Frust, aber Du wusstest gar nicht, dass Deine Mandanten das so zu schätzen wissen, wie Lulu das anscheinend tut.

„Warum ist das für Dich wichtig?"

„Weil mein Lesegerät nervig ist und ich nicht im Vertrag hin- und hernavigieren kann, also brauche ich ewig, um all die Details zu verstehen", sagt sie.

„Lesegerät? Ich verstehe nicht ganz ..."

„Du weißt schon, dass ich blind bin, oder?"

Was? Du arbeitest mit dieser Mandantin seit fast einem Jahr zusammen und Dir war nicht klar, dass sie blind ist?

„Lulu, ich hatte keine Ahnung."

„Wow! Na, das ist ja klasse. Ich hatte angenommen, dass Du mir die Verträge vorliest, weil Du wusstest, dass ich blind bin. Ich dachte, ich hätte es erwähnt, als ich Dich engagiert hatte", sagt sie lachend. „Naja, dann hast Du mir unabsichtlich den besten Service geboten, den mir je ein Anwalt geboten hat. Mir den Vertrag per Telefon vorzulesen, ist etwas, worauf ich mich mittlerweile total verlasse."

Nachdem Du das Gespräch mit Lulu beendet hast, schaust Du Dir die Liste mit Deinen Top-Mandanten an und begreifst, dass Lulu Dich an Dawn weiterempfohlen hat, die für Behindertenrechte kämpfende Aktivistin, die im Rollstuhl sitzt. Die wiederum hat Dich an Ramesh empfohlen, den gehörlosen Besitzer einer Taco-Kette – und langsam geht Dir ein Licht auf. Ohne es zu bemerken, bist Du der Anwalt geworden, zu dem eine Handvoll von Menschen mit Behinderungen selbstverständlich geht – und all das nur, weil Du die Art von Mensch bist, die gern Verträge laut vorliest.

Du denkst über den Gebärdendolmetscher nach, den Du engagiert hattest, um Dir bei der Kommunikation mit Ramesh zu helfen, über die Rollstuhlrampe und die behindertengerechte Toilette in dem Büro, das Du Dir ausgesucht hast. Es ist gar nicht so, als hättest Du groß darüber nachgedacht – es schien einfach das Richtige zu sein. Jetzt sieht es so aus, als hättest Du eine natürliche Affinität zum Arbeiten mit Menschen mit Behinderung.

Als nächstes rufst Du Dawn und Ramesh an und fragst sie, wie Du sie und ihre Netzwerke noch besser unterstützen kannst. Du fragst: „Wie könnte ich das noch besser ausbauen?" Du bekommst ein paar Ideen von ihnen und von Lulu und brainstormst selbst noch ein bisschen. Du entwickelst einen Plan, wie Du behinderten Menschen den besten Service bieten kannst, und zeigst dies dann Deinen Top-Mandanten. Du verbesserst alles ihren Vorschlägen entsprechend. Als sie Sätze sagen wie „Oh, davon muss ich Rebeccas Team erzählen", „Tom wird den Familienanwalt dafür aufgeben" und „Beim nächsten Treffen muss ich den anderen unbedingt davon erzählen" weißt Du, dass Du auf der richtigen Spur bist – Du weißt, dass Du Deinen ganz eigenen Samen für den Atlantic Giant gefunden hast.

Mit Deinem fertigen Plan bist Du so weit, Dir selbst ein neues Label zu verpassen. Du bist nun nicht länger einfach irgendein Anwalt im Meer der Anwälte – jetzt bist Du der Rechtsstratege für Menschen mit Behinderung. Du googelst nach anderen „Rechtsstrategen für Menschen mit Behinderung" in Deiner Gegend ... und dann, sieh mal einer an! Du bist der Einzige. Hm... Ich frage mich, bei welchen Kanzleien *alle* Menschen mit Behinderung anfragen, wenn sie nach Rechtsberatung suchen? Du änderst online und auch in den staubigen Gelben Seiten Deinen Auftritt, um Dein neues Label zu präsentieren. *Und* weil Du ein neues Label hast, kannst Du Deine Preise selbst gestalten. Du brauchst nicht über den Preis zu konkurrieren oder über Bequemlichkeit. Das brauchst Du nicht. Du bist in Deiner eigenen Liga.

Du schaffst Dir ein Telefon mit TTY-Funktion an (um mit gehörlosen Mandanten zu telefonieren) und nimmst an einem Zeichensprach-Kurs teil, um die Grundlagen zu erlernen. Du richtest Dein Büro neu ein, um für Rollstühle mehr Platz zu schaffen. Du investierst in Braille-Broschüren, die Deinen Service präsentieren. Dann beginnst Du, Dich in konzentrischen Kreisen zu bewegen. Du nimmst an allen lokalen und regionalen Konferenzen für Menschen mit Behinderungen teil, schaltest Anzeigen in einschlägigen Newslettern, sprichst bei Unterstützertreffen und meldest Dich als Freiwilliger bei Non-Profit-Gruppierungen, die sich auf die Fahne geschrieben haben, Menschen mit Behinderung zu unterstützen. (Du bist *so* engagiert. Diese Bafög-Rückzahlung wird in Nullkommanichts erledigt sein!)

Bald arbeitest Du mit Hunderten von Mandanten wie Lulu, Dawn und Ramesh – Mandanten für die Du von Natur aus geschaffen bist, Mandanten, die Dich wertschätzen und respektieren, Mandanten, die so dankbar sind, einen Anwalt zu haben, der sie versteht und der ihnen zur Seite steht, dass sie sich große Mühe geben, die besten Mandanten aller Zeiten zu sein.

Ein paar Jahre vorgespult: Dein Unternehmen ist durch die Decke gegangen, der größte Kürbis weit und breit. Aber Du bist bereit, den nächsten Atlantic-Giant-Samen zu setzen. Es ist an der Zeit, den nächsten rekordverdächtigen Kürbis zu ziehen. Also gründest Du ein Schulungsunternehmen, das Dein existierendes Wurzelsystem nutzt, um Anwälte, Buchhalter und ähnliche Selbstständige dabei zu unterstützen, Menschen mit Behinderung besser dienen zu können. Du weißt aber *sowas von*, wie das geht und bist nun so weit, ein Unternehmen drum herum aufzubauen. Und weil Du den Pumpkin Plan schon in der ersten Runde perfekt umgesetzt hast, ist Dein nächster Riesenkürbis eine klare Sache.

Kapitel 11: Die Sache mit den Sicherheitshinweisen

Nachdem wir 75 neue Kunden in weniger als zwei Jahren gewonnen hatten, ging ich auf dem Zahnfleisch. Trotz der Tatsache, dass ich ein Team von Technikern hatte, die Reparaturen durchführen konnten, verließ ich nach wie vor mein Büro, wenn bestimmte Kunden anriefen, setzte mich ins Auto und fuhr zu ihren Büros, um mich persönlich um deren Probleme zu kümmern. Dann, Stunden später, fuhr ich zurück in mein Büro, um mich um *alles andere* zu kümmern, was ich zu tun hatte – was natürlich, alles weitere war, was getan werden musste.

Erschwerend kam noch hinzu, dass es den lieben langen Tag dauernd Ablenkungen durch genau die Techniker gab, die ich angeheuert hatte, damit ich nicht mehr häufig abgelenkt werde. Dauernd riefen sie mich an und stellten Fragen.

„Soll ich dieses Sonderprojekt für den Kunden durchführen, das er angefragt hat?"

„Wie handhabt Ihr dieses oder jenes?"

„Ich habe gerade einen Notruf vom Kunden B reinbekommen. Soll ich von Kunden A aufbrechen, um mich darum zu kümmern, oder soll ich bleiben, wo ich bin?"

„Kann ich in die Mittagspause gehen?"

„Warum ist der Himmel blau?"

„Denkst Du, ich sollte mir Haare transplantieren lassen?"

„Kannst Du mir beibringen, „Stairway to Heaven" auf meiner Piccolo-Flöte zu spielen?"

Je mehr mein Unternehmen wuchs, desto mehr verwandelte ich mich in eine total gestresste Version eines Babysitters für Erwachsene. Wenn ich nicht damit beschäftigt war, mein Team anzuleiten, kämpfte ich damit, die Dinge selbst zu erledigen. Ich. Ging. Auf. Dem. Zahnfleisch.

In meinem ersten Unternehmen machte ich den gleichen Fehler, den nahezu jeder Unternehmer macht: Wenn mein Team mit zu vielen Fragen kam, riss ich irgendwann die Arme hoch und „erledigte die Dinge" eben selbst. Ich dachte, zehn Minuten meiner eigenen Zeit zu investieren, sei besser, als zehn Stunden einzusetzen, um meinen Mitarbeitern zu erläutern, wie es richtig geht. Ich war der Meinung, dass es einfacher wäre, wenn ich es direkt selbst übernahm. Ich konnte mir nicht vorstellen, wie ich jemanden beibringen sollte, sich so um die wichtigsten Kunden zu kümmern, wie ich es tat. (Hallo, Ego. Du reitest mich hier echt in was rein, Typ.)

Der Stress, die Dinge selbst zu erledigen, wurde schließlich zu groß, also wählte ich die „Schnell-Reparatur". Ich sagte mir, dass ich, wenn ich erfahrene Leute engagierte (und ich mein so richtig erfahrene), dann müsste ich ihnen nichts mehr beibringen. Sie würden es einfach *wissen*. Und wenn ich richtig Glück hatte, dann würden sie es vielleicht, ganz vielleicht sogar besser wissen als ich. Einige der Typen, die ich interviewte, verfügten über 20 Jahre Computer-Erfahrung. Diese Typen waren so erfahren, dass sie schon an Computern gearbeitet hatten, als in den Karbongehäusen noch eine Horde Affen in die Pedale traten und die Computer nichts anderes konnten, als langsam Zahlenkolonnen zu addieren. Du weißt schon, zwei plus zwei ist ... warte kurz ... vier.

Rasch musste ich meinen Fehler einsehen. Erfahrene Leute einzustellen, bedeutete, Jahre oder Jahrzehnte schlechter Gewohnheiten zu engagieren. Während diese Techniker mich seltener anriefen (sie „wussten" schließlich, was sie taten), riefen mich die Kunden nun *häufiger* an ..., um sich zu beschweren. Die neuen „erfahrenen" Techniker befolgten unser Protokoll nicht. Sie machten Arbeit zunichte, die wir zuvor erledigt hatten, veränderten das Set-up und „reparierten" Dinge, die nicht repariert werden sollten. Nicht weil sie schlecht waren. Nicht weil sie versuchten, Schaden anzurichten. Sondern weil diese erfahrenen Typen es „besser wussten" und die Dinge auf ihre Art erledigten. Und ihre Art verursachte große Probleme.

Du kennst das Sprichwort „Was Hänschen nicht lernt, lernt Hans nimmermehr"? Naja, es stimmt. Diese erfahrenen Typen waren nicht bereit, von mir etwas Neues zu lernen. Ihrer Einschätzung nach wussten sie genau, wie's geht – und zwar die einzige Art, wie. Sie hatten schließlich 20 Jahre Erfahrung. Also verwarfen sie jede Anweisung, die ich ihnen gab. Am Ende war es so: Je erfahrener der Techniker war, ... desto *mehr* Probleme hatte ich. Ich verbrachte mehr Zeit damit, die Veränderungen, die er vorgenommen hatte, wieder gerade zu biegen. Ich brauchte mehr Zeit, die Beziehung zu meinen Kunden wieder herzustellen. Das Ende vom Lied: Ich brauchte mehr Zeit.

Während ich noch geschockt war, dass mein erster Ansatz nicht funktionierte, hatte ich einen Plan B, von dem ich sicher war, dass der funktionieren würde. Mir war Folgendes klar geworden: Wenn es mit den erfahrenen Typen nicht klappte und ein großes Team mich davon abhielt, die Arbeit zu erledigen, dann wäre es wohl am einfachsten und am schnellsten, wenn ich mein Team auf die Größe der „guten alten Zeit" schrumpfte. Anstatt ein Team von acht Leuten, die einen Babysitter brauchten, würde ich mich auf ein Team von ein oder zwei Leuten wieder verkleinern. Ich, mein Sekretär und ein Techniker fürs Grobe. Mein Unternehmen erwirtschaftete zu jenem Zeitpunkt ausreichend gute Umsätze, sodass ich echtes Schweinegeld machen würde, wenn ich meine Unterstützertruppe auf bloß zwei Neulinge zurückfahren würde.

Dieser Plan fiel in sich zusammen, als mir klar wurde, warum ich mich damals darum bemüht hatte, mein Unternehmen wachsen zu lassen, denn ich war völlig ausgepumpt davon, das Unternehmen mit drei Leuten zu betreiben! Ob nun mit einem größeren Team im Hintergrund, das dauerhafte Aufmerksamkeit brauchte, oder mit einem kleinen Team, das mit der Arbeitslast überfordert war – ich war erledigt. Es war so, als hätte ich mich selbst mit Handschellen ans Hamsterrad gekettet und den Schlüssel weggeworfen.

Ich saß im Grunde genommen in einer Falle, die ich mir selbst gebaut hatte.

Vielleicht sitzt auch Du gerade in einer solchen Falle. Du findest niemanden, der so gut ist wie Du. Und Du kannst nicht an die „guten alten Zeit" anknüpfen, denn, wenn wir ehrlich sind: Es gab keine guten alten Zeiten. Wir Unternehmer schauen lediglich auf diese frühen Zeiten liebevoll zurück, weil sie weniger kompliziert *schienen*. Wir haben vergessen, dass wir uns jeden Tag fast umgebracht haben, beim Versuch, das Ganze mit wenig oder ganz ohne Unterstützung anderer am Laufen zu halten.

Ich weiß, dass es für Dich hart ist zu akzeptieren, dass Du feststeckst – aber in diesem Fall bist Du mitnichten allein. Es ist total verbreitet. Den meisten Unternehmern fällt es schwer, von einer One- oder Two-Man-Show in der Gründungsphase zu einem Unternehmen zu wachsen, das zehn oder mehr Angestellte hat. Es gibt vermutlich 8.097 Gründe, warum wir diesen Fehler wieder und wieder machen – aber die Top-Gründe sind aufs Gruseligste konstant: 1) Wir glauben nicht, dass wir es uns leisten können, jemanden zu engagieren, der es kann; 2) wenn wir jemanden einstellen, der genug Erfahrung hat (und dafür auf unser eigenes Gehalt verzichten), dann ist er nicht in der Lage oder nicht willens, die Dinge richtig anzugehen (so wie wir es wollen); 3) selbst wenn wir jemanden dazu holen, den wir uns leisten können, der nicht erst die eigene Erfahrung „verlernen" muss, dann haben wir nicht die Zeit, ihn ordentlich einzuarbeiten; und 4), selbst wenn wir das Geld hätten, Leute zu engagieren, die willens und in der Lage sind, die Dinge zu erledigen, und wir über die Zeit verfügten, sie ordentlich anzulernen, sind wir ziemlich sicher, dass sie im Vergleich zu unseren eigenen Fähigkeiten echt blass aussehen würden. (Der letztgenannte Punkt? Das ist das große Problem. Ich weiß, Du bist großartig, und ich weiß, Du musstest lange alles alleine stemmen und alle Rollen ausfüllen, aber Du *kannst* loslassen. Du musst. Es wird funktionieren. Ich versprech's.)

Es gibt einen Weg. Dieses Buch dreht sich schließlich darum, wie man einen gigantischen, *bedeutenden* Kürbis zieht.

Und das funktioniert nicht, wenn Du Dein Unternehmen nicht skalieren kannst.

Hier ist Deine Offenbarung: Du kannst Dein Unternehmen nicht skalieren, wenn Du den größten Teil (oder überhaupt Teile) der Arbeit erledigst. Punkt. Wenn Du wirklich ein ernstzunehmendes Unternehmen aufbauen möchtest, ein echtes Pumpkin-Plan-Unternehmen, dann ist es notwendig, dass Du überhaupt *keine* Alltagsarbeit übernimmst.

Erinnerst Du Dich daran, wie ich in der Einleitung davon sprach, dass dieses Buch den Schlüssel zu Deiner unternehmerischen Befreiung enthält? Nun, dies ist genau der „Aha"-Moment, den Du brauchst, um Dich zu befreien. Wenn Du endlich aufhörst, *für* Dein Unternehmen zu arbeiten, und stattdessen das Unternehmen *für Dich arbeiten* lässt, dann musst Du sicherstellen, dass nicht ein Gramm dessen, was Ihr abliefert – nichts von dem, was Eure Kunden erleben – davon abhängt, dass Du es tust. Wenn Du das erreichst, dann wird Deine Hauptaufgabe sein, wiederholbare Prozesse zu kreieren, um zu garantieren, dass jeder Kunde die gleiche, eine identische Erfahrung macht – jedes Mal.

Erinnerst Du Dich an den Sweetspot, die drei Dinge, die Dich zu Deinem ureigenen Atlantic-Giant-Samen bringen? Der Sweetspot ist dort, wo Deine besten Kunden, Dein einzigartiges Angebot und Deine Fähigkeit zum Systematisieren zusammenkommen. Lass uns über diese dritte und absolut entscheidende Zutat dieses Kuchens sprechen (Kürbiskuchen, in unserem Fall) – Systematisierung. Dafür musst Du einen Schritt zurücktreten.

Ich weiß, dass Du Dein Unternehmen liebst. Jetzt ist es an der Zeit, es noch mehr zu lieben.

Ich weiß, dass Du stolz auf Deine Arbeit bist. Jetzt ist es an der Zeit, stolz auf die Arbeit zu sein, die Dein Unternehmen leistet.

Ich weiß, dass Du mit gemischten Gefühlen darauf blickst, Deine hart erkämpften Kunden an irgendeinen Neuling zu übergeben, der gerade seine erste Steuererklärung ausgefüllt hat. Aber es ist jetzt an der Zeit, darauf zu vertrauen, dass ein Neuling die gleiche Qualitätsarbeit abliefern kann, die Du selbst erledigen würdest.

Du verstehst das. Du weiß tief in Deinem Innern, dass Du nicht überall sein kannst, egal wie sehr Du Dich abmühst! Bis Du einen Weg gefunden hast, Dich selbst zu klonen, hast Du die Wahl: Entweder schleppst Du Deinen erschöpften Hintern durch die ganze Stadt, während Du das Wachstum Deines Unternehmens verhinderst, oder Du baust nun endlich Systeme auf und lernst Dein Team so an, dass es die Arbeit für Dich übernehmen kann (das, wofür Du Deine Mitarbeiter eingestellt hattest), sodass Dein Unternehmen wachsen und wachsen und wachsen kann. Weil es ihr Job ist ... Du erinnerst Dich?

Ein echter Unternehmer werden

Erinnerst Du Dich an Frank, meinen Business-Mentor? Im ersten Kapitel habe ich Dir erzählt, wie er meine Seifenblase hat zerplatzen lassen (und meinem Ego blaue Flecke verpasst hat), als er mir sagte, ich wäre kein echter Unternehmer, noch nicht. Damit Du jetzt hier nicht unterbrechen und zurückblättern musst, um herauszufinden, wovon ich spreche, wiederhole ich nochmal, was Frank gesagt hat: „Du bist noch kein Unternehmer, Mike. Unternehmer erledigen nicht den größten Teil der Arbeit. Unternehmer erkennen die Probleme, entdecken die Chancen und entwickeln dann die Systeme, die es *anderen Menschen und Dingen* erlauben, die Arbeit zu machen."

Ich erinnere mich noch gut daran, wie furchtbar es sich angefühlt hat, das zu hören. Frank erzählte mir im Grunde genommen, dass ich einem aufgebauschten Job nachging, gefangen in dem Teufelskreis von verkaufen-herstellen, verkaufen-herstellen, verkaufen-herstellen, der mich am Laufen hielt, bei knapper Kasse und übersät mit roten Flecken. Und ich bildete mir ein, mein eigener Herr zu sein. In Wirklichkeit gehörte ich meinen Kunden genauso sehr, wie zuvor mein blöder Hund von einem Chef mich besessen hatte.

Das Problem war bloß: Jedes Mal, wenn ich jemand anderen losschickte zu „meinen" Kunden, war es unvermeidlich, dass sie mich anriefen, sich über die Fehler beschwerten oder darüber, dass mein Typ „unser System nicht versteht", oder sie fragten: „Warum kannst Du nicht einfach kommen, Mike?". Im Bemühen um unsere Top-Kunden, sprang ich wieder und wieder ein, stahl mir selbst wertvolle Zeit, die ich fürs

Unternehmenswachstum benötigte, und *arbeitete in* meinem Unternehmen. Mein Team war nicht *so* schlecht. 99 Prozent der Zeit erledigte es die Sachen richtig. Meine Mitarbeiter taten all das, was sie tun sollten, aber sie vergaßen einfach, ihrem Ansprechpartner Hallo zu sagen, wenn sie eintrafen, oder sie vergaßen, das Licht auszumachen, wenn sie gingen. Dieses eine Prozent, das falsch lief, nervte meine Kunden so sehr, dass sie verärgert waren. Und genau da lag das eigentliche Problem.

Dann erinnerte ich mich daran, was Frank dazu gesagt, „Prozesse zu entwickeln" und stellte mir eine bessere Frage: „Wie kann ich die Dienstleistung für diesen Kunden systematisch festlegen, sodass jeder aus meinem Team den Job erledigen kann und mein Kunde zwischen mir und ihnen keinen Unterschied würde feststellen können?" Bingo! Das war die richtige Frage, denn ganz schnell war ich dabei, eins der Dinge zu tun, die ich am besten kann – Systeme entwickeln.

Versteh mich nicht falsch: Das war kein Angelegenheit, die sich mal eben husch-husch erledigen ließ. Ein System so sorgfältig und leicht umsetzbar anzulegen, dass jeder aus meinem Team die Aufgaben erledigen konnte, und noch dazu perfekt, war ein langer intensiver Prozess. Doch am Ende war ich in der Lage, das „Erledigen" loszulassen *und* meine Kunden zufriedenzustellen. Jetzt war ich Unternehmer.

Ein System aufzubauen, dauerte etwa zehn Stunden, wobei ich die Sache selbst in zehn Minuten hätte erledigt haben können. Aber wenn ich nachrechnete, wurde mir klar, dass ich selbst diese zehn Minuten etwa 20 Mal pro Woche einsetzte. Das bedeutete, dass ich diese zehn Stunden bereits innerhalb von drei Wochen aufgebraucht hätte – und kein Ende war in Sicht.

Das war einer der größten „Aha"-Momente meines Lebens. Ein System aufzubauen, ist lediglich eine andere Art von Investition. Ich hatte zu Beginn Geld in mein Unternehmen investiert (ungefähr 100 US-Dollar, was für mich zu jener Zeit echt viel Geld war). Die nächste Investition war Schweiß – meiner. Jahrelang schuftete ich, um Kunden zu bedienen. Doch diese Investition war mittlerweile nicht länger möglich. Ich konnte nicht noch mehr Stunden arbeiten oder noch mehr Tage. Es war schlicht physisch unmöglich. Da wurde mir klar, dass es für mich lediglich eine andere Form von Investitionsstrategie darstellte, wenn ich die Zeit nutzte, um Systeme zu entwickeln und diese beständig zu verbessern, damit andere diese Systeme in perfektem Gleichmaß ausführen konnten. Und genau wie bei jeder anderen Investition auch war das unmittelbare Ergebnis winzig, auf längere Sicht jedoch war es *riesig*.

Ein perfekt abgestimmtes System ist ein Meisterstück, das Beispiel perfekter Schlichtheit. Versteh mich jetzt nicht falsch: Systeme vereinfachen nicht etwa das Ergebnis; Systeme vereinfachen den Weg dorthin. Vielleicht hilft eine kleine Flugstunde ...

Herunterbrechen

Wann hast Du zuletzt auf diesen Zettel mit den Sicherheitshinweisen im Flugzeug geschaut, die in die Tasche im Vordersitz gestopft sind? Ich vermute mal, dass Du das letzte Mal drauf geschaut hast, als Du das erste Mal geflogen bist. Und Du schaust Dir vermutlich nicht einmal die kleine Flugbegleiter-Show an, die sie vor dem Start aufführen, jedenfalls nicht mehr (es sei denn, da ist ein ganz schnuckeliger dabei).

Das nächste Mal, wenn Du fliegst, nimm mal das laminierte Ding raus und schau es Dir gut an. Es ist ein erstaunliches Beispiel eines wundervoll gestalteten Prozesses, dem jeder folgen kann. Es ist eigentlich ein Kunstwerk. Nein, wirklich! Ich mein das total ernst. Denk mal nach – diese Sicherheitshinweise im Flugzeug müssen von wirklich *jedem* leicht verstanden werden. Von Erwachsenen und Kindern, von Menschen mit besonderen Bedürfnissen, von Menschen, die kein Englisch sprechen, von Menschen, die nicht *lesen* können, von Menschen, die zu viel Reality-TV schauen, von Menschen, die in einem Bunker leben und *niemals* fernsehen ... von wirklich allen und jedem.

Und zu wissen, was sich in diesen Hinweisen findet, reicht nicht! Du oder der Siebenjährige zu Deiner Linken (der gerade Saft auf Deinen Schoß gekippt hat) oder der 107-Jährige zu Deiner Rechten (der gerade auf Deinen Schoß gesabbert hat) müssen den Blödsinn darauf tatsächlich umsetzen können. Wenn irgendwas schiefläuft, müsst Ihr alle oder einer von Euch schnell aktiv werden und ganz vielen Leuten dabei helfen, sicher aus einer sehr gefährlichen Situation herauszukommen.

Was meinst Du? Jeder versteht es (sogar der Siebenjährige) und jeder kann es ausführen (auch Opa Sabber). Auch Du. Auch ich.

Wenn ich Systeme für mein Unternehmen entwickle, dann folge ich immer dem, was ich die „Sicherheitshinweis-Methode" nenne – ich breche das Ganze herunter, immer weiter und weiter, bis das System nicht nur auf ein laminiertes Blatt passt, sondern für jeden einfach zu verstehen und umzusetzen ist. Dann unterziehe ich es einem Testlauf. Wenn meine Rezeptionistin das umsetzen kann, wenn mein Vertriebsteam es tun kann, wenn der Pizza-Lieferant es versteht, dann ist es bereit für den Einsatz. Falls nicht, dann gehe ich zurück ans Reißbrett und arbeite daran, bis es alle ausführen können.

Lass mich hier eine Sache klarstellen: Das kann unglaublich mühsam sein. Selbst wenn Du alle Zeit der Welt hast, würde es Dich ermüden, Deine Methode und Deine Arbeit, die Dir mittlerweile in Fleisch und Blut übergegangen sind, Schritt für Schritt auseinanderzunehmen. Es ist möglicherweise schwer zu erklären. Du kannst einfach „tun, was Du tust", nicht wahr? Es ist Deine ganz eigene Vorgehensweise. Niemand kann es Dir gleichtun.

Falsch.

Jeder kann es Dir gleichtun, ... wenn Du Dir die Zeit nimmst, ihnen zu zeigen, wie. Deine Systeme können nur dann gemeistert werden, wenn Du sie in Deine eigene Version der Sicherheitshinweise überführst. Dieser Prozess scheint so einfach. Du schaust einfach aus dem Fenster raus, um sicherzugehen, dass alles sicher ist, ziehst am roten Griff, um die Tür zu öffnen, ziehst den gelben Nippel und die Sicherheitsrutsche bläst sich auf. Dann springst Du auf die Rutsche und ziehst an den Dingern für Deine Schwimmweste, bläst selbst auf, falls sie sich nicht von allein mit Luft füllt.

Für jeden Passagier (Mitarbeiter) ist dieser Prozess unglaublich einfach. Aber für die Flugindustrie, die das Ganze entwickelt hat, brauchte es Jahrzehnte an Mühen. Denk nur mal an diese Rutschen. Sie sind im Flugzeug verstaut und im Notfall blasen sie sich vollkommen auf, sobald an einem einzigen Griff gezogen wird. Dann, wenn fünfzig Leute sich zum Überleben daran festkrallen, werden die Rutschen zu einem Floß, das schwimmen und die Wellen des Ozeans wiederum durch den Zug an einem weiteren einzigen Griff navigieren kann – das ist Hardcore. Das System ist unglaublich. Und es rettet Leben. jahrzehntelange Arbeit an einem System ermöglicht es Menschen, die Prozesse mit Leichtigkeit abzuarbeiten, einfach und rasch. Wenn Du Mühe investierst, die Systeme in Deinem Unternehmen zu entwickeln, kann die Belohnung genauso groß sein.

Stell Dir vor, wie schnell Dein Unternehmen wachsen würde, wenn Du darauf zählen könntest, dass Dein Team jedes Mal einen überragenden Service abliefert und Qualitätsprodukte herstellt. Welche Projekte könntest Du übernehmen, die Du in der Vergangenheit abgelehnt hast? In welche Gebiete hinein könntest Du Dein Unternehmen ausweiten, die Du bislang nicht bedienen konntest? Wie viele Top-Kunden könntest Du übernehmen und betreuen? Und die ultimative Frage ...: Könntest Du endlich Urlaub machen und Geld verdienen, während Du weg bist ... einen ganzen Monat lang?

Verstehst Du, wie die Sicherheitshinweis-Methode Dich befreit?

Die Drei Fragen

Wenn Du so veranlagt bist wie viele Unternehmer, mit denen ich von Angesicht zu Angesicht zusammen gearbeitet habe, dann wette ich, dass ich genau weiß, was Du gerade denkst. Du brauchst Dich jetzt nicht zu erschrecken. „Ok. Mein werter Herr My-Cow-Shits" – einer meiner Lieblingsspitznamen aus der Schulzeit –, „mein Unternehmen ist weitaus komplexer als ein Flugzeugabsturz. Ich meine, Flugzeuge treffen auf zwei Situationen – entweder sie stürzen auf den Boden oder ins Wasser. Natürlich ist das eine ernstzunehmende Situation, aber sie ist vorhersehbar. Mein Unternehmen ist nicht vorhersehbar. Ich treffe auf Hunderte, ach, auf Millionen unterschiedlicher Situationen. Wie kann ich meinem Team beibringen, damit umzugehen?" (Ich hoffe, ich habe Dich jetzt nicht erschreckt, weil ich Deine Gedanken vorhergesehen habe, inklusive dem „ach". Ich bin einfach so gut.)

Du gibst Deinem Team die Möglichkeit mit den Drei Fragen unvorhergesehene Situationen zu meistern. Wenn Du Deine Systeme aufbaust, gibst Du Deinem Team eine Richtung, in die sie ihre Gedanken lenken können. Nein, ich spreche nicht von Big Brother und Gedankenkontrolle. Ich sage bloß, dass Du Systeme entwickeln musst, die Deinem Team helfen, so zu *denken* wie Du und – in der Konsequenz – in unvorhergesehenen Umständen angemessen zu handeln. Wenn Du Systeme entwickelst, um die Arbeit zu erledigen, so wie Du sie erledigen würdest, und Systeme entwickelst, so zu denken wie Du, dann, meine ich, hast Du das Unmögliche erreicht: Du hast Dich selbst quasi geklont. Besser noch: Du hast ein Unternehmen aufgebaut, das nicht darauf angewiesen ist, dass Du darin auch nur einen einzigen Tag weiterschuftest.

Mit den Jahren habe ich die Drei Fragen entwickelt, drei einfache, aber verdammt machtvolle Fragen, die, wenn man sie in einer bestimmten Reihenfolge stellt, jedem Mitarbeiter die Möglichkeit geben, so zu denken und Entscheidungen so zu treffen, das alles im Interesse Deines Unternehmens geschieht. Die Fragen sind so effektiv, dass Du sie vielleicht ausdrucken und jedem Mitarbeiter über den Schreibtisch hängen

... oder es jedem auf die Stirn tätowieren möchtest. Streich das. Sie könnten es ja nicht sehen.

Hier sind die Drei Fragen in der richtigen Reihenfolge:

1. Unterstützt diese Entscheidung unsere Top-Kunden besser?
2. Fördert oder stützt diese Entscheidung unseren Innovationsbereich?
3. Verbessert oder stützt diese Entscheidung unsere Rentabilität?

Bevor Deine Mitarbeiter eine Entscheidung treffen oder aktiv werden, müssen sie sich zunächst diese Drei Fragen stellen. Wenn sie nicht jede Frage mit einem eindeutigen „Ja" beantworten können, wissen sie, dass sie nicht weitergehen sollten. Echt mal, *Du* solltest Dir diese Fragen jedes Mal stellen, wenn Du eine Entscheidung triffst. Solltest Du dieses Produkt entwickeln, diese Dienstleistung streichen, umziehen, einen neuen Partner an Bord holen, Lieferanten wechseln, Preise verändern? Ich weiß das nicht – hast Du dreimal mit Ja geantwortet?

Du weißt mittlerweile, dass der Schlüssel zum Pumpkin Plan für Dein Unternehmen darin liegt, dass Du Dich intensivst auf Deine Top-Kunden fokussierst. Dein Kunde ist Dein Ein und Alles. Alles, was Du bis zu diesem Punkt getan hast, ist, Deinen Top-Kunden besser zu dienen. Und, jetzt rate mal? Deine Mitarbeiter müssen diese Aufgabe annehmen ... jedes Mal die Erfahrung Deiner Top-Kunden zu verbessern. Dein Team muss immer zuerst an Deine Top-Kunden denken.

Um zur nächsten Frage überzugehen, müssen Deine Mitarbeiter definitiv ein Ja zur Frage zuvor bekommen haben. Wenn sie sicher sind, dass die Top-Kunden mit ihrer Entscheidung besser bedient werden, müssen sie nun dafür sorgen, dass es auch im besten Sinne für Eure Kunden-Unternehmens-Beziehung ist. Der Innovationsbereich ist das, was Euch vom Wettbewerb unterscheidet, und der Hauptgrund, dass Eure Kunden zu Euch kommen. Gehe immer an die Grenze des Möglichen mit Blick auf Euren Innovationsbereich, so werdet Ihr vor Euren Konkurrenten im Ranking stehen. Wenn Du das Ganze für Deine Mitarbeiter in ein Denksystem überführst, werdet Ihr Euren Innovationsbereich automatisch voranbringen. Ihr gewinnt. Eure Kunden gewinnen.

Schließlich müsst Ihr sichergehen, dass Ihr Geld verdient. Wenn ein Mitarbeiter die dritte Frage verneint, dann schlagen sie einen gefährlichen Pfad für Euch ein. Selbst wenn Du zufriedene Kunden hast und coole Innovationen, führen Verluste in die Pleite. Zu viele Unternehmen tragen nach und nach ihre Gewinne ab, weil – hey – zwei von drei ist ja nicht schlecht, oder? Falsch. Am Ende haben sie alle Hände voll damit zu tun, ihr Unternehmen vor der Katastrophe zu bewahren.

Ein Ja zu allen Drei Fragen bedeutet „Los". Mitarbeiter können das einfach umsetzen, ohne mit Dir Rücksprache zu halten. Es besteht kein Anlass für Deine Absolution. Kein Zauberstab. Wenn sie nicht Ja sagen können zu allen Drei Fragen, dann ist die Antwort ebenso klar. Halt. Mach's nicht.

Wenn Du Dir jetzt diese Fragen anschaust, dann musst Du etwas tun, was Du in der Vergangenheit nicht getan hast ... Du musst Deinen Mitarbeitern erläutern, wer Eure Top-Kunden sind und warum. Du musst ihnen erklären, was Euch besonders auszeichnet (Innovationsbereich) und was sie tun können, um Euer Unternehmen noch besonder-er zu machen. Und Du musst ihnen beibringen, wo Euer Unternehmen Geld verdient und welche Ausgaben es gibt – wie ihre Gehälter. Mit anderen Worten, Du musst ihnen das Gefühl geben, dass sie am Ergebnis beteiligt sind. Und das ist eine gute Sache.

Das Drei-Fragen-System umzusetzen, ist ziemlich einfach: Es braucht lediglich ein Daran-Festhalten. Das nächste Mal, wenn ein Mitarbeiter Dich fragt, wie das Team in einer bestimmten Situation weitermachen soll, bitte sie, Dich durch ihre interne Diskussion der Drei Fragen zu leiten. (Tipp: Wenn sie Dich um Rat fragen, ist es unwahrscheinlich, dass sie sich selbst bereits die Drei Fragen gestellt haben.)

Werden die Drei Fragen bei allem funktionieren, was Dein Unternehmen angeht? Nein, werden sie nicht. Das nächste Mal, wenn Du Klopapier bestellst, ist es unwahrscheinlich, dass dies Deinen Kunden mehr Nutzen bieten wird (es sei denn, dass sie sich gern bei Dir reinschleichen, um Dein Klo zu benutzen), und vermutlich wird es auch Deine Gewinne nicht steigern. Aber wenn es um Dienstleistungen für Deine Kunden geht und um Produkte, die Deine Kunden nutzen, dann haben die Drei Fragen bislang noch nie versagt.

Sobald Du von der Ich-mach-das-Mentalität abgekommen bist, wirst Du Systeme kreieren, die effizient genug sind, auf Deine ureigene Karte mit Sicherheitshinweisen zu passen. Du und Deine Leute, Ihr werdet durch diese Drei Fragen unterstützt. Mit ihnen stellt Ihr fest, ob Ihr in jeder beliebigen Situation das Richtige tut. Herzlichen Glückwunsch. Du bist ein Unternehmer.

Der Arbeitsplan

30 Minuten (oder weniger) Action

1. Herunterbrechen. Nimm die Aufgaben, die Du für Deine Kunden am häufigsten erledigst, und strukturiere sie in kleine Schritte nach Aufgabenbereich und der Art und Weise, wie Du die Aufgaben erledigst. Ob Du einen Service anbietest oder ein Produkt herstellst, notiere den Prozess detailliert von Anfang bis Ende. Welches sind die Schlüsselelemente? Was sind die kleinen Tricks und Kniffe, die Du einsetzt, die Deine Kunden wirklich beeindrucken? Was sind absolute No-Gos? Notiere alles, selbst wenn es an diesem Augenblick so scheint, als würdest Du eine Plakatwand benötigen, um Platz für all die Information zu finden.

2. Weiter herunterbrechen. Nun füllst Du alles auf, was Du ausgelassen bzw. vergessen hattest. Was sind die wichtigsten Schritte, die Du gehst, und zwar einfach automatisch? Was machst Du anders als Dein Team? Warum arbeiten Deine Kunden am liebsten mit Dir? Was sind die stillschweigenden Erwartungen Deiner Kunden? Wie versprichst Du zu wenig und lieferst viel mehr?

3. Noch einmal herunterbrechen. Als nächstes nimmst Du alles, was Du dazu zusammengetragen hast, wie Du tust, was Du tust und verdichtest dies in einfach zu vollführende Schritte. Du schreibst hier keine Gebrauchsanleitung. Du möchtest Deine ganz eigene Sicherheitshinweis-Version dieses Systems.

4. Ausdrucken! Druck die Drei Fragen aus und hänge sie über Deinen Schreibtisch. Gewöhne Dir an, immer die Drei Fragen zu bearbeiten, wenn Du Entscheidungen treffen musst. Neue Webseite? Einen Service beenden? Einen neuen Mitarbeiter einstellen? Schicke jede Entscheidung durch den Drei-Fragen-Filter. Wenn Du dann ein Gefühl für dieses System entwickelt hast, drucke die Drei Fragen für alle aus, hänge sie über jeden Schreibtisch und fangt an zu üben.

Der Pumpkin Plan in Deiner Branche – Gastronomie

Angenommen es ist der Traum Deines Lebens, ein Restaurant zu eröffnen. In Deiner Familie und Deinem Freundeskreis bist Du seit Langem für Deine kulinarischen Kunststücke bekannt. Dies ist Deine Chance, es der Welt zu zeigen. Bind die Schürze um und gieß Dir einen Drink ein. Dies ist eine Möglichkeit, den Pumpkin Plan in Deiner Branche umzusetzen.

Du besitzt ein Restaurant, das auf Hausmannskost für Feinschmecker spezialisiert ist, die Gerichte, die Oma immer gekocht hat. Du dachtest, Du würdest es so richtig krachen lassen, jeder Tisch reserviert für Leute, die für Omas Gulasch sterben würden. Stattdessen befindest Du Dich im Wettbewerb mit zehn anderen Restaurants in einem Radius von zwei Straßenblocks ... und stehst nicht sonderlich gut da. Obwohl Du fast immer leere Tische hast, arbeitest Du 19-Stunden-Tage und leihst Dir von Deiner Mutter Geld für Anzeigen im lokalen Käseblatt.

Du beginnst mit dem Bewertungsbogen und betrachtest die zwanzig Kunden, die Du am häufigsten siehst. Die Andersons, Blaine und Charlotte, kommen dreimal pro Woche mit ihren fünf Kindern – sie sind so schrecklich, dass Deine Kellner Schnick-Schnack-Schnuck darum spielen, wer sie bedienen muss (und einer aus dem Team hat eine echte Schere eingesetzt, um *deutlich zu machen*, dass er nichts mit den Andersons zu tun haben will). Bill und Steve, die Anwälte, kommen fast an jedem Wochentag mit Mandanten zum Mittagessen und geben mehr Geld für Alkohol aus als fürs Essen. Und dann ist da natürlich noch Mrs. Trumpet, die nette alte Dame, die jeden Dienstag und Freitag um halb fünf vorbeikommt, um einen Early-Bird-Rabatt zu bekommen (Du bietest keinen an), und ihr Essen immer dreimal zurückgehen lässt. Du füllst Deine Liste mit drei Theater-Pärchen, sechs Unternehmern, die häufig potenzielle Kunden mitbringen, und einer Handvoll Pärchen, die jeden Samstag für ein Tête-à-Tête Dein Restaurant besuchen.

Nachdem Du den Bewertungsbogen ausgefüllt hast, weißt Du, welche Kunden Dir das Leben zur Hölle machen (Hallo, Andersons) und Dich Geld kosten (ich rede mit Ihnen, Trumpet), sodass Du sie gehen lassen kannst. Weil es gegen das Gesetz ist, sich zu weigern, Menschen zu bedienen, nur weil Du sie nicht magst, musst Du Dir überlegen, was dafür sorgen kann, dass sie nicht mehr Dein Restaurant aufsuchen.

Du hast die Nase voll von kaputten Gläsern, bemalten Wänden und lauten Kindern, und Du hast herausgearbeitet, dass es nicht nur die Andersons sind, die Du nicht mehr sehen möchtest – es betrifft alle Familien mit Kindern. Es ist nicht so, dass Familien mit Kindern schlechte Gäste wären (Du hast schließlich selbst zwei Kinder), es ist einfach so, dass Familien mit Kindern Kunden mit Geld verscheuchen, die sich ein Restaurant für eine Mini-Auszeit wünschen – köstliches Essen, verbunden mit anspruchsvoller Konversation.

Weil Du für gewöhnlich vor 20.00 Uhr nicht viele Gäste erwartest, veränderst Du Deine Öffnungszeiten und öffnest erst um 19.00 Uhr für den Abend anstatt um 17.00 Uhr – deutlich nach der Zeit, zu der Eltern ihre süßen Racker in die Badewanne stecken. (Hinterlistig, aber wirksam.) Du schaffst die Kinderkarte ab und verbietest das Abstellen von Buggys im Restaurant. (Mutig, sehr mutig.) Klar, Du wirst Verrisse auf den Mami-Blogs und -Foren erhalten, aber Du möchtest sie als Gäste ja sowieso nicht haben, richtig? Die Andersons sind echt sauer, aber sie kommen darüber hinweg und ziehen weiter, um Deiner Konkurrenz zwei Türen weiter auf die Nerven zu gehen.

Und weil Du Deine Öffnungszeiten verändert hast, hasst Dich Mrs. Trumpet. Sie wird „nie wieder in Deinem Etablissement essen". Volltreffer! Dein Service-Team ist so glücklich, dass es Dir eine von diesen schleimigen "#1 Boss"-Tassen kauft, ganz oft mit Dir abklatscht und schwört, nie wieder eine richtige Schere für Schnick-Schnack-Schnuck zu verwenden.

Du schaust Dir alle Ausgaben an, die mit dem Bewirten von Familien verbunden sind. Du bestellst keine tiefgekühlten Hühnchen-Nuggets und Pommes mehr, streichst Dein Wachsmalstifte-Budget, kannst zuschauen, wie Deine Ausgaben für die Reinigung der Tischwäsche schrumpfen und schaltest keine Anzeigen mehr im lokalen Elternblättchen. (Da Du Dir jetzt kein Geld mehr für die Anzeigen leihst, liebt Mama Dich wieder.) Weil Du keinen Platz mehr für Buggys und Kinderstühlchen brauchst, packst Du ein paar Tische mehr rein, um den Umsatz zu steigern. Schön.

Jetzt, da Du die Gruppe los bist, die Dich am meisten genervt und Dir am wenigsten bezahlt hat, kannst Du Dich auf Deine Top-Kunden konzentrieren. Du beschließt, dass Bill und Steve die besten Kunden aller Zeiten sind und dass die Unternehmer knapp dahinter rangieren. Also entscheidest Du, Dich auf Geschäftsleute zu konzentrieren, die ihre Kunden bewirten. Das nächste Mal, als Bill und Steve Dein Lokal aufsuchen, gehst Du an ihren Tisch und fragst, ob Du Dich für zehn Minuten dazusetzen darfst. (Deine Mission: ihr Wunschzettel.)

Du fragst: „Was würdet Ihr Euch von allen Restaurants wünschen? Wie können wir Euren Aufenthalt hier perfekt gestalten?“ Du gibst ihnen eine paar Ideen vor, damit sie sich mit dem Gedanken anfreunden, dass sie fragen *können*. „Zum Beispiel: Würdet Ihr gern ein Konto anlegen oder besondere Weine oder bestimmtes Essen bestellen können?“ Du erfährst, was sie am meisten an Deiner Branche stört. „Was nervt Euch am meisten an Restaurants?“

Und dann kommt die große, schockierende, völlig unerwartete Entdeckung. Bill und Steve erläutern, dass viele Geschäftsgespräche und Abschlüsse in Deinem Restaurant passieren. Sie kommen sehr gern mit Kunden in Dein Restaurant, weil das Essen großartig und das Ambiente optimal ist. Sie erzählen Dir, dass sie, wenn sie in Deinem Restaurant essen, fast immer auf Kundenzeit hier sind. Das Problem ist, dass ihre Kunden häufig kurz weggehen, um Anrufe am Handy anzunehmen, und wenn sie das tun, dann können Bill und Steve diese Zeit nicht in Rechnung stellen.

Das ist der Moment, da sie Dir Ihren großen Wunsch mitteilen: Könntest Du das Restaurant zu einer handyfreien Zone erklären? Du sagst ihnen, das sei eine großartige Idee, hängst am nächsten Tag ein Schild auf und natürlich beginnst Du, sofort mehr zu liefern als versprochen. Als Bill und Steve wiederkommen, sehen sie das „Keine Handys“-Schild an der Tür und lächeln. Sie sind zufrieden. Du hast zugehört. Du kümmerst Dich. Du möchtest ihnen helfen, Umsatz zu machen.

Doch Du hast noch eine weitere geniale Idee. Du berichtest Bill und Steve, dass Du ein Gerät installiert hast, dass Handy-Signale unterbindet, sodass selbst Kunden, die das „Keine Handys“-Schild ignorieren, keine Anrufe im Restaurant erhalten. Genial! Bill und Steve sind ordentlich beeindruckt – schließlich hast Du gerade für sie die Zeit verlängert, die sie in Rechnung stellen können, und zwar so richtig. Du bist über das, was sie sich wünschten, weit hinausgegangen – sie bleiben lebenslange Kunden.

Du weißt, dass es häufig nicht sonderlich wirksam ist, Deine Kunden um Empfehlungen zu bitten. Als nächstes fragst Du also nach Lieferantenempfehlungen, nach anderen Dienstleistern, die Bill und Steve gern nutzen. Eine der Empfehlungen ist ein Limousinenservice, Bob’s Elite Car Service. Du rufst Bob an und bittest ihn um ein Treffen, um gemeinsam zu überlegen, wie Ihr Euren gemeinsamen Kunden mehr Nutzen bieten könnt.

Bob erwähnt, dass er seine Fahrer mindestens einmal pro Woche einen Kunden bei Dir absetzen. Du hattest keine Ahnung. Du beginnst alle erdenklichen Fragen zu stellen, wie Du seine Arbeit erleichtern kannst.

„Brauchst Du einen besonderen Parkplatz? Brauchen Deine Fahrer eine Rückmeldung von einem unserer Kellner, wenn Bill und Steve dabei sind, ihre Rechnung zu bezahlen, damit der Fahrer wie durch „Zauberei" in dem Augenblick auftauchen kann, in dem die Kunden nach draußen treten? Sollen wir einen kleinen Tisch in der Küche bereitstellen, wo Deine Fahrer einen Happen essen können, während sie warten? Würde es helfen, wenn wir eine Tasse Kaffee oder eine Flasche Wasser für sie hätten?"

Bob ist seit über 25 Jahren im Geschäft, und er ist noch niemandem begegnet, der ihm Unterstützung angeboten hat wie Du. Nicht einmal annähernd.

Jetzt seid Ihr, Bob und Du, beste Freunde, also sagt Bob all seinen Fahrern, dass sie Dein Restaurant ihren noblen Kunden empfehlen sollen, wenn diese nach einem Restaurant suchen. Plötzlich ist Dein Restaurant voll mit Frauen und Männern in Anzügen und Kostümen, die große Summen ausgeben, wenn sie mit ihren Kunden speisen, Wein trinken und Omas Gulasch genießen. Siehst Du, wie das läuft?

Kapitel 12: Mach die Kurve platt

Am dem Morgen, nachdem ich meine Olmec-Beteiligung verkauft hatte, startete ich ein neues Unternehmen. (Keine Pause für die Besessenen. Habe ich Recht?) Ich gebe zu … ich bin süchtig. Nachdem ich mit meinem ersten Unternehmen einmal herausgefunden hatte, wie ich exponentielles Wachstum generieren konnte, war ich auf den Geschmack gekommen. Ich hätte ein paar Monate Auszeit nehmen können, nur um abzuhängen, doch wenn Du einmal weißt, wie Du ein schnellwachsendes, erfolgreiches Unternehmen aus dem Mini-Samen einer Idee ziehen kannst, möchtest Du das eigentlich wieder und wieder tun. Wenn Du alles, was Du in diesem Buch gelernt hast, umsetzt, wirst Du bald sehen, was ich meine!

Mit einem neuen Geschäftspartner gründete ich ein Unternehmen für Computer-Forensik … ein bisschen wie CSI, nur mit weniger Blut. Ich investierte keinen Penny, und im ersten Jahr machten wir einen Umsatz von 600.000 US-Dollar, im zweiten Jahr 1,7 Mio. und im dritten Jahr, kurz bevor ich meine Beteiligung an diesem Unternehmen verkaufte, waren wir bereits bei einem Umsatz von 2,5 Millionen und auf dem Weg, im Folgejahr 7,25 Mio. umzusetzen.

Die meisten unserer frühen Kunden waren Unternehmen, die nach Beweisen für Fehlverhalten in ihrem Hause suchten, oder Privatleute, die Beweise ausfindig machen wollten, um ihre Aussagen vor Gericht zu untermauern. Innerhalb von sechs Monaten nach Gründung stellte ich jedoch fest, dass wir Anrufe von Anwälten bekamen, die nach jemandem suchten, *egal wem*, der ihre Klienten übernehmen würde. Die meisten Computer-Forensik-Unternehmen wurden von Leuten betrieben, die zuvor im Rechtswesen gearbeitet hatten. Wie sich herausstellte, wollten sie keine Fälle anfassen, bei denen es um Strafverteidigung ging. Anwälte konnten schlicht keine Forensik-Firma finden, die ihnen helfen wollte.

Ich überlegte: „Möchte ich mit Rechtsanwälten arbeiten, die versuchen, Mörder, Betrüger und Wirtschaftsverbrecher verteidigen?" Mir wurde klar, dass diese Leute unschuldig sein *konnten* – und selbst wenn sie es nicht waren: So oder so konnten wir die Beweise finden. Wir waren lediglich die Überbringer der Wahrheit. Wir fanden Beweise – daraus ergab sich die Wahrheit. Schuldig oder unschuldig, ob jemand es zugab oder bestritt, die Beweise sagten immer die Wahrheit. (Siehst Du? Absolut CSI).

So wurden wir über Nacht zu einem von sehr wenigen (oder vielleicht doch der einzigen) Forsensik-Unternehmen, die bereit waren, Strafverteidiger als Kunden anzunehmen. Meinen größten Bemühungen zum Trotz konnte ich nicht einen einzigen Konkurrenten finden ... und meine Kunden ebenso nicht. So konnten wir uns nahezu über Nacht einen Namen machen. Wir mussten nicht auf die Straßen trommeln oder eimerweise Geld investieren, um unser Unternehmen zu vermarkten. Die Kunden kamen in Massen zu uns, und wir konnten sie uns aussuchen. Es war fantastisch. Fantastisch.

In unserem zweiten Jahr rief Enron an. (Ja, *dieses* Enron.) Sie waren in den „Nigerian Barge Deal" verwickelt, und das war der Anfang vom Ende für Enron. Kenneth Lay und sein Team setzten Forensik zu ihrer Verteidigung ein, und mittlerweile hatten wir einen sehr guten Ruf. Wir waren die offensichtliche Wahl. Wir waren die *einzige* Wahl. Wir übernahmen den Fall, und nach sechs Monaten hatte unser dreiköpfiges Team das gefunden, was die Regierung nicht hatte herausfinden können – den Beweis, dass Enron mit Merrill Lynch unter einer Decke steckte, um die Finanzen zu manipulieren und die Gewinne aufzublasen. Es ist eine lange Geschichte – Du kannst sie googeln. Lass mich sie gerade noch lügende Lügensöhne nennen und wir sind damit durch.

Sobald mein Team die Spur der Beweise aufgedeckt hatte, die niemand anders hatte finden können, saßen meine Leute innerhalb von 13 Minuten auf Veranlassung der Enron-Anwälte in einem Privatjet – sie wollten mein Team nicht von der Gegenseite entsorgen lassen. Letztlich war es egal, weil sie alle ins Gefängnis gingen. Aber jetzt war es amtlich – wir waren die Besten der Besten.

Was dazu führte, dass wir noch mehr Kunden bekamen, selbst einige Berühmtheiten (obwohl ich keine Namen nenne).

Indem wir uns darauf konzentriert hatten, für Kunden zu arbeiten, die in Strafverfahren involviert waren, nahmen wir uns aus dem Wettbewerb um andere Untersuchungsarten heraus. Was bedeutete, dass wir nicht länger um eine Position am Markt ringen mussten. Stattdessen hatten wir unseren *eigenen* Markt eröffnet, in dem wir die einzige Wahl waren. Klar, es kamen Konkurrenten, doch waren sie nichts als farblose Nachahmer. Und weil wir unsere Nische perfekt bedienten, kamen alsbald auch andere Kunden, die nichts mit Strafrecht zu tun hatten. Das passierte einfach. Ich habe *natürlich* mit dem Pumpkin Plan gearbeitet, aber ein Schlüsselfaktor für unseren Erfolg war es, dass wir nicht nur gammelige Kunden rausgeworfen haben, wir haben die Kurve plattgemacht.

Welche Kurve?

Weißt Du, was an der Gauß'schen Normalverteilung einfach total nervt? Du wirst daran gemessen, wie gut alle anderen sind. Wenn Du also kein Genie bist und trotzdem eine Eins in einem Test erzielen möchstest, dann musst Du dafür beten, dass die halbe Klasse einen Kater oder vergessen hat, sich vorzubereiten.

Die Kurve, die den Lebenszyklus eines Produkts abbildet, sieht fast genauso aus, wie die Normalverteilungskurve, nur dass jeder versucht, den besten Ort auf der Kurve zu finden, damit er den Markt dominieren kann. Sie möchten früh genug auf den Markt kommen, um das meiste aus der „Kundennachfrage" herauszuholen. Die Leute vermuten fälschlicherweise, dass die Kurve die Nachfrage abbildet. Denn in Wirklichkeit bildet die Kurve die Nachfrage *auf der Basis des Angebots* ab. Mit anderen Worten zeigt sie nicht, was die Menschen möchten; sie zeigt ihre beste Option angesichts der verfügbaren Dinge. Und es ist nicht so, dass die Nachfrage mit der Zeit sinkt; die Nachfrage verändert sich auf der Grundlage des Verfügbaren. Die Konsumenten werden es nicht einfach leid, Produkte oder Dienstleistungen einzukaufen, sie reagieren auf Innovation.

Also, lass uns mal über Videorekorder sprechen. (Falls Du unter 25 bist, Videorekorder waren magische Kisten, die Filme von großen Kassetten abspielten. Ah, Moment. Du weißt nicht, was eine Kassette ist. Wie auch immer. Egal. Jetzt warst Du in der Lage, Filme zuhause anzuschauen – ja, es gab mal eine Zeit, da musstest Du tatsächlich in ein richtiges Kino gehen, um einen Film zu sehen ... es sei denn, es lief im Fernsehen ... ok, wir machen weiter.) Es überrascht kaum, dass die Amerikaner total begeistert von Videorekordern waren, weil sie jetzt, zum ersten Mal überhaupt, in der Lage waren, Filme zuhause anzuschauen. Und die Hersteller verfielen fast in den Wahnsinn, um bei dem Hype mitzumachen. Es war ein Markt mit hohem Wettbewerb, bis der DVD-Player entwickelt wurde. Und plötzlich konntest Du Filme und mehr auf DVDs schauen, die niemals abgenudelt waren. DVD-Spieler beschädigten mit Sicherheit die Videorekorder-Kurve, doch sie machten sie nicht komplett platt, weil es noch immer eine Variante des gleichen Produkts war. Und während

DVDs Filme besser abspielen konnten als Videorekorder, konnten Videorekorder das Fernsehprogramm besser aufzeichnen.

Aber dann kam TiVo mit Festplattenrekordern und – verdammt nochmal – die Leute *wechselten*. Jetzt konnte man die Lieblingssendung aus dem Fernsehen aufnehmen, ohne eine Ausbildung in Videorekorder-Programmierung machen zu müssen. Man konnte zeitgleich mehrere Dinge aufnehmen und selbst das Fernsehen *anhalten*. TiVo hat den Videorekorder nicht bloß getötet – es hat ihn vernichtet.

Unternehmer vermasseln es, wenn sie versuchen, früh auf die Kurve aufzuspringen und sich bis an die Spitze zu arbeiten. Sie sehen einen Trend und wollen mitmachen. Das Problem dabei ist, dass sie sich jetzt darauf konzentrieren, die Konkurrenz auszustechen. Dabei sollten sie sich darauf konzentrieren, ein ganz anderes Spiel zu spielen als die Konkurrenz.

Du weißt, dass Du auf der Kurve hockst, wenn Du sagen kannst: „Ich habe Konkurrenten." Wenn Du Deine eigene Leistung mit der Deiner Konkurrenz vergleichst und beurteilst, dann hat die Innovation verloren. Du versuchst lediglich, einen besseren Videorekorder zu bauen. Und auf meinem letzten Flohmarkt, konnte ich mein altes Monster nicht einmal für fünf magere Dollar loswerden.

Du musst aufhören, darüber nachzugrübeln, wo Du auf der Lebenszyklus-Kurve Deiner Produkte stehst. Du musst etwas erfinden, das so radikal ist, dass es die Kurve obsolet macht. Du musst diese Kurve plattmachen.

Die 180-Grad-Technik

In Kapitel 8 spreche ich davon, wie Du wie Du die Bezeichnung Deiner Konkurrenz auf Dich selbst anwendest und Kunden deshalb nicht in der Lage sind, zu sehen, in welchen Bereichen Du Dich unterscheidest. Es ist ihnen zu komplex. Sie können das nicht auseinanderklamüsern und sie möchten das nicht einmal versuchen.

Eine Möglichkeit, die Kurve plattzumachen, ist, Dir ein neues Label zu verpassen. Der Cirque du Soleil hat das gemacht. Anstatt mit allen anderen Zirkus-Gruppen der Welt zu konkurrieren, beschlossen sie, sich ein anderes Label zu geben. Sie wurden der Cirque du Soleil. Ihr neues Label weist auf „Zirkus" hin, aber bereits auf den ersten Blick ist es anders. Das neue Label fordert Kunden regelrecht auf zu fragen: „Was bedeutet das?“ Die große Eröffnung für ein einzigartiges Label.

Doch der Cirque du Soleil ging noch viel weiter. Sie veränderten die Zirkus-Erfahrung vollkommen, indem sie eine 180-Grad-Wendung hinlegten. Sie veränderten die Art und Weise, wie ein Zirkus Unterhaltung bietet, völlig (denk an Rockmusik und unglaublich viele Akrobaten, in viel zu engen Kostümen). Sie waren nicht eine andere Sorte Zirkus, sie erschufen etwas komplett anderes: etwas Neues. Sie erschufen ihre eigene Kurve.

Wenn Du ein neues Unternehmen gründest oder Dein bereits vorhandenes umbaust, dann gib Deinem Unternehmen zunächst ein neues Label. Denn Deine Kunden können Dein neues Label nicht leicht einordnen, sie werden sich fragen?: „Was bedeutet das?“ Das ist Dein Einlasstor, um zu erläutern, worin Du Dich unterscheidest, jene Komponenten Deines Unternehmens, die Deine 180-Grad-Wendung ausmachen.

Ein Label ist letztlich nur ein Name. Du musst es mit wirklich glaubwürdigem Inhalt untermauern. Du brauchst die richtigen Produkte. Mit einer meiner Lieblingsstrategien, der „180-Grad-Technik“, machst Du die Kurve platt. Zuerst analysierst Du Deine Branche und definierst all ihre Parameter – was sind verbreitete Annahmen darüber, wie Deine Branche funktioniert? Dann fragst Du Dich: „Was ist das genaue Gegenteil dessen?“

Zum Beispiel halten Kunden bei Tankstellen drei Dinge für gegeben: Sie sind draußen, sie riechen nach Sprit, und wenn es einen Tankwart gibt, dann sagt er maximal drei Worte zu Dir. Das genaue Gegenteil davon wäre eine Indoor-Tankstelle, die nicht stinkt, klimatisiert ist, mit einem Concierge, der Dein Auto betankt, nach dem Öl schaut, Dein Auto wäscht und Dir einen Tisch fürs Abendessen reserviert. (Ich habe immer noch nicht rausgefunden, wie man den Spritgeruch loswird. Ich nehme an, irgend ne Art Luftfilter, so ein Vakuumdings. Aber Du verstehst, worauf ich hinaus will.)

Die US-amerikanische Commerce Bank (jetzt TD Bank, N.A.) hat eine 180-Grad-Wende mit der „Keine blöden Gebühren, keine blöden Öffnungszeiten“-Kampagnengelegt. Commerce Bank machte Schluss damit, Ideen von anderen Banken zu übernehmen, und begann, sich eher wie eine Fast-Food-Laden zu präsentieren. Plötzlich konnten die Kunden ihre Bankgeschäfte erledigen, wann auch immer es ihnen passte, und sie wurden nicht für jeden kleinen Fehler bestraft. Plötzlich konnten Kunden einen zügigen Service genießen für Dinge, für deren Erledigung andere Banken Tage brauchten. Und plötzlich sah Commerce Bank gar nicht mehr aus wie jede beliebige andere Bank. Sie hatten die Kurve plattgemacht. Zu einer Zeit, da viele Banken kämpften, wuchs die Commerce Bank und wuchs und wuchs und wuchs.

Schau Dir Videoverleihe an. Früher war es so, dass Du zu Deinem lokalen Videoverleih gingst, um die neusten Filme auf Kassette auszuleihen. Du betratst den Laden, schautest Dir Hunderte von Videokassetten an, die in den Regalen wie Bücher ausgestellt waren, und versuchtest, die neuste Folge von „Lethal Weapon" zu finden. Doch weil der Laden nur eine miese Kassette davon hatte und jemand sie vor sechs Jahren ausgeliehen und niemals zurückgebracht hatte, nahmst Du am Ende „Terms of Endearment" – schon wieder.

Dann trat Blockbuster auf den Plan und legte eine Kehrtwende hin, die Kunden Zugriff auf Dutzende, manchmal über hundert Ausgaben von neuen Filmen ermöglichte. Du konntest die neusten Filme selbst dann ausleihen, wenn Du unmittelbar vor Ladenschluss reinkamst. Sie präsentierten sie auch anders, stellten sie so hin, dass man den Film, den man sehen wollte, sofort entdeckte. Blockbuster vernichtete die Kurve so gründlich, dass fast alle unabhängigen Videoläden in Konkurs gingen. Hollywood Video und andere Ketten folgten der Kurve, kopierten die Strategie und kämpften mit Blockbuster um Marktanteile, konnten sie aber nicht schlagen. Warum? Weil Blockbuster die Kurve erschaffen hatte und sie weiterhin in immer neue Höhen jagte – die anderen kämpften lediglich um die Reste.

Dann kam Netflix. Sie machten das genaue Gegenteil von dem, was Blockbuster tat: Anstatt auf Leihgebühren pro Film zu setzen, nahmen sie eine monatliche Gebühr; anstatt aus dem Haus zu gehen und Deinen Film auszusuchen, kommt Dein Film mit der Post; statt verrückter Strafen für verspätetes Abgeben, konntest Du den Film nun so lange behalten, wie Du wolltest, ohne Strafen. Netflix legte eine 180-Grad-Wende hin im Vergleich zu Blockbuster und zerstörte wiederum die Kurve. 2010 musste Blockbuster Insolvenz anmelden.

Und die Kurve von Netflix? Andere Unternehmen werden auftauchen und sie zerstören. Vielleicht werden dies Redbox oder Roku sein. Vielleicht etwas, was wir uns heute noch nicht vorstellen können. Das einzige, was wir sicher wissen: Es kommt ... und es wird ein radikaler Abschied von Netflix sein.

Mach Dir klar, dass Commerce Bank, Blockbuster und Netflix jeweils eine 180-Grad-Wendung hingelegt haben, was die Hauptbeschwerden ihrer Kunden gegenüber der Branche anbetrifft. Miese Öffnungszeiten, langsamer Service und hohe Gebühren waren Standard im Bankenbereich – was Dir und mir total auf den Keks ging wie jedem anderen normalen Menschen ebenfalls. Der Tante-Emma-Videoladen war ein dauernder Quell der Enttäuschung, weil sie nur eine einzige Ausgabe des Films hatten, den Du gern schauen wolltest! Und obwohl Blockbuster dieses Problem gelöst hatte, waren die Beschwerden über ihre Verspätungszuschläge legendär. So legendär, dass Leute im Fernsehen sich darüber lustig machten, in Filmen und in unserer ganzen Pop-Kultur.

Wenn Du eine neue Kurve erschaffen möchtest, dann musst Du losziehen und das Verrückte tun, das, was niemand erwartet. Und das Verrückte, das Du machst? Das muss authentisch sein. Leg keine 180-Grad-Wende hin, nur um anzugeben. Mach es, weil Du so etwas einlöst, was auf dem Wunschzettel Deiner Kunden steht. Mach es, weil Du den Status quo im besten Interesse Deiner Kunden verändern willst. Mach es, weil Du eine neue Kurve erschaffen möchtest, ... die Dir gehört.

Ein „ste" ans Ende packen

Eine weitere Möglichkeit, eine neue Kurve zu erschaffen, liegt darin, ein „ste" an das zu packen, was Du bereits tust. Sei der Schnellste, der Billigste, der Langsamste, der Attraktivste, der Lustigste, der Beängstigendste, der Merkwürdigste, der Geschmackloseste, der Coolste, der Kälteste – sei der „ste". Jeder kennt das Eishotel in Schweden, aber niemand kennt die Hunderte und Tausende von Hotels, die nur einfach schlechte Klimaanlagen haben!

Wenn es ein Guinness-Buch der Rekorde für Deine Branche gäbe, dann möchtest Du darin stehen, grinsend wie der Depp, der Du bist. Es gibt keine Konkurrenz für den „sten", also leg los. Du wirst Deine eigene Kurve blitzschnell erschaffen haben.

Der Arbeitsplan

30 Minuten (oder weniger) Action

1. Analysiere die Standards Deiner Branche ... und tu dann das Gegenteil. Welche Verhaltensweisen, Systeme und Strategien werden in Deiner Branche als „normal" betrachtet – oder sogar als notwendig? Analysiere die Parameter und identifiziere die gemeinsamen geschriebenen oder ungeschriebenen Gesetze Deiner Branche und finde dann heraus, wie Du sie umdrehen kannst, damit Du etwas vollkommen Neues und Unerwartetes kreieren kannst. Denk dran, wenn Du eine 180-Grad-Wende hinlegst, dann muss sie eigen sein und sie muss zu Deinen Stärken passen. Sonst gibst Du lediglich vor der Kamera an.

2. Schau Dir die Wunschzettel wieder an. Häufig ist die Anwendung der 180-Grad-Technik dann am erfolgreichsten, wenn sie ein Problem löst, über das Deine Kunden regelmäßig meckern. Betrachte die Wunschzettel Deiner Kunden und suche nach Beschwerden, um die Du Dich kümmern könntest und wodurch Du Deine Branche auf den Kopf stellen würdest, was Dir wiederum erlaubt, eine neue Kurve zu erschaffen.

3. Finde Dein „ste“. Wenn Du der „ste“ von irgendwas bist – der Größte, der Hellste, der Stinkendste, – dann kannst Du Deine eigene Kurve erschaffen. Um Dein „ste“ zu finden, schau Dir Deinen Innovationsbereich an, über den wir in Kapitel 2 gesprochen haben, und nimm das als Ausgangspunkt. Ist Dein Innovationsbereich der Preis, dann musst Du offensichtlich der Billigste sein. Wenn es Tempo und Effizienz sind, dann könntest Du der Schnellste (ah!) sein, aber Du könntest auch der Einfachste sein oder der Bereiteste oder der Bequemste für Deine Kunden. Wenn Dein Innovationsbereich in der Qualität liegt, dann hast Du eine Reihe von „stes“, mit denen Du spielen könntest. Du könntest der Schönste, der Mutigste, der Glücklichste, der Pfiffigste sein ..., oh, warte! Das klingt wie in der Schule. So gesehen ist das vielleicht gar nicht so abstrus, denn wenn Du Dein „ste“ gefunden hast, dann wirst Du derjenige, der „am wahrscheinlichsten Erfolg haben wird“. Was? Zu abgedroschen für Dich? Erschieß mich nicht. Es kam einfach so hoch ... und ich musste es tun.

Kapitel 13: Nächste Saison

Bevor ich meinen Anteil an meinem ersten Unternehmen verkaufte, wusste ich, dass ich ein neues Unternehmen gründen würde. Ich hatte einen Plan. Bevor ich meinen Anteil an meinem zweiten Unternehmen verkaufte, wusste ich, dass ich Obsidian Launch, mein drittes Unternehmen, starten würde. Im Moment bin ich dabei, Obsidian Launch voranzubringen, so wie Du an Deinem Unternehmen arbeitest. Letztlich werde ich es verkaufen – ich denke, so in zehn Jahren, plus minus zwei (oder vielleicht, wenn sich eine goldene Gelegenheit bietet), und dann werde ich vermutlich ein weiteres Unternehmen gründen ... vielleicht sogar direkt am Tag danach. So oder so: Ich werde eine neue Idee haben, einen neuen Atlantic-Giant-Samen, bevor ich verkaufe. Genau besehen, checke ich schon jetzt die Möglichkeiten durch. Langsam. Gezielt. Mit Bedacht. Ich bedränge meine nächsten Atlantic-Giant-Samen nicht. Ich bin dabei, jetzt einen gigantischen Kürbis zu züchten, also bin ich nicht in Eile. Aber wenn wieder Pflanzzeit ist, bin ich bereit.

Warum mache ich das?

Naja, teils, weil ich davon besessen bin, dicke, fette, erfolgreiche Unternehmen zu gründen und voranzutreiben. (Meine Frau würde sagen, dass es auch daran liegt, dass ich ein bisschen bekloppt bin ... besessen/bekloppt – nah beieinander, die beiden.)

Und teils, weil ein Jedes seine Zeit hat ... auch Unternehmen. Kürbisse sind nicht für die Ewigkeit. Irgendwann musst Du einen neuen Samen säen und von vorn beginnen.

Der Pumpkin Plan funktioniert zum Teil deshalb, weil man sich ganz und gar auf die Top-Kunden fokussiert, so weit, dass sich Dein gesamtes Nischen-Produkt bzw. Dein Nischen-Service um ihre Bedürfnisse dreht. Das bedeutet aber: Wenn diese Branche stirbt, stirbt Dein Unternehmen. Hätten alle Hedgefonds-Unternehmen die Hufe hochgerissen, wäre mein erstes Unternehmen kurz darauf ebenfalls in die Knie gegangen.

Kürbisse sterben, selbst Giganto-Kürbisse. Deshalb musst Du einen kleinen Samen von Deinem Riesenkürbis nehmen und ihn einsetzen, um einen Neuen zu ziehen, ... wenn Du so weit bist. Mach dies *erst dann*, wenn Dein erster Kürbis felsenfest und stark steht und auf Autopilot läuft. Ich muss Dich ja nicht an den Kürbisbauern erinnern, der sich abmüht, all die Kürbisse zeitgleich zu ziehen? Das laugt aus und ist fruchtlos (äh … gemüselos). Ein gigantischer Kürbis auf einmal, dann, wenn der groß, stark und gesund ist, kannst Du einen weiteren setzen.

Wie groß ist groß? Bei einigen Unternehmen ist die 10 Millionen-Dollar-Umsatzmarke groß, aber es könnten auch 100 Millionen oder eine Milliarde sein. Ich habe das noch nie bei Unternehmen gesehen, die weniger als 10 Millionen Euro Umsatz hatten (aber ich bin sicher, dass dies sein kann).

Flipp jetzt nicht aus. Ich sage Dir nicht, dass Du Dein Unternehmen verkaufen und ein neues starten sollst. Ich sage Dir, dass Du bereit sein solltest, etwas Neues zu ziehen. Vielleicht wirst Du Dein Unternehmen weiterentwickeln – wie IBM das getan hat: Sie stellten die Computer-Produktion ein, um ein neues Dienstleistungsunternehmen zu entwickeln. Du findest vielleicht eine Nische, die es Dir ermöglicht, Deine allergrößte Stärke auszuspielen und Deinen Top-Kunden besser zu dienen (denk an die unzähligen Startups, die aus dem Nichts kamen, wie Crocs oder Google). Vielleicht erschaffst Du eine neue Kurve, wie TiVo das gemacht hat, als sie die Videorekorder-Kurve zerschmetterten. Oder vielleicht wirst Du Deinen Riesenkürbis *doch* verkaufen und ein neues Unternehmen aufsetzen. Aber es ist unausweichlich. Um im Spiel zu bleiben, musst Du *irgendetwas* Neues züchten.

Supererfolgreiche Unternehmer wissen, wie sie sich selbst neuerfinden und ihren Unternehmen neue Kraft einflößen können. In der Einleitung zu diesem Buch sprach ich von der Legende des verstorbenen Steve Jobs. Er ist das perfekte Beispiel für einen Pumpkin-Planer, der immer wieder die Saat für bemerkenswerte Unternehmen ausgebracht hat. Zuerst gründete er Apple, seine erste erfolgreiche Computer-Firma. Dann gründete er NeXT, eine Computer-Plattform-Entwicklungsfirma. Dann kaufte er eine kleine Computer-Grafik-Firma, The Graphics Group, benannte sie um in Pixar Animation Studios und fuhr fort, sie in einen Kürbis zu verwandeln, der so groß war, dass er an den Kinokassen besser abschnitt als Disney (bis Disney einknickte und Pixar kaufte). Dann kehrte er zu Apple zurück und führte weitere bahnbrechende Technologien ein – iPod, iPhone und iPad – und startete damit jedes Mal eine neue Kurve.

Steve Jobs ist das große moderne Beispiel, doch ist dieser Prozess nicht neu. Genauer gesagt, kannst Du sogar Beispiele dafür in grauer Vorzeit finden (ein bisschen History Channel bringt da viel Interessantes). Jetzt war Unternehmertum bei den alten Griechen oder im alten Rom nicht unbedingt der Standard – diese adeligen Leute in ihren weißen Kleidern und Sandalen sahen dies als unter ihrer Würde an. Sie waren nicht so die großen Startup-Gründer, wenn Du weißt, was ich meine?

In einem Gespräch, das ich kürzlich mit einer Freundin führte (eine dieser Doktor-Typen), schweifte sie in eine Geschichtsstunde ab, was sie häufiger tut. Sie erzählte mir von diesem wenig bekannten Unternehmertypen Passion. (Ja, so hieß der wirklich.) Er lebte während des vierten Jahrhunderts vor Christi Geburt in Griechenland und war ein Sklave. Er rackerte sich für zwei Banker total ab, quasi ohne Bezahlung (kommt Dir das bekannt vor?) und arbeitete sich schließlich bis ganz nach oben zum Büroleiter in einer der Filialen in Athen. (Ich frage mich, wo die ihre Kutschen geparkt haben?)

Passion machte die Bank so rentabel, dass die Banker ihn freiließen. Als sie starben, kaufte er die Bank und wurde sehr schnell einer der reichsten Männer Athens. Er hätte die Bankgeschäfte einfach an Sklaven übergeben können oder selbst weiter schuften können, doch stattdessen führte er ein System ein und stellte den Mann ein, der zuvor seine rechte Hand gewesen war (ebenfalls ein befreiter Sklave), um das Ganze für ihn zu betreiben.

Dann, weil er wusste, wie man einen Riesenmonsterkürbis zieht, den größten Kürbis, den Athen je gesehen hatte, beschloss er, es zu wiederholen. (Ok, dann haben sie in Athen eben keine Kürbisse gezogen, aber Du hast diese Metapher jetzt schon so lange ertragen, warum stellst Du Dich jetzt so an?) Passion musste nur einen weiteren Atlantic-Giant-Samen setzen – also gründete er ein neues Unternehmen: eine Fabrik, die Schilde für die Armee Athens anfertigte. So startet man eine neue Kurve, Passion! Und clever noch dazu. Ich meine, diese Griechen und diese Römer haben sich nun mal reichlich bekämpft.

Passion züchtete einen Riesenkürbis für seine Herren, die Banker, und ließ diesen noch weiter wachsen, nachdem er ihn gekauft hatte. Dann gründete er ein neues Unternehmen – die Schilde-Fabrik – und wendete sein Wissen und seinen Einfluss an, um auch diese zu einem Riesenkürbis auszubauen. Erfolg führt zu Erfolg. Selbst in grauer Vorzeit.

Wenn Du aber die nächste Saison Deines Unternehmens angehst, dann ist es essenziell, dass Du etwas von Deiner Handvoll Atlantic-Giant-Samen ziehst. Du stehst kurz davor, wirklich hart dafür zu arbeiten, Deinen eigenen Pumpkin Plan umzusetzen. Du bist kurz davor, aus dem Hamsterrad auszusteigen, und Dich aus der allzu weit verbreiteten Unternehmerfalle zu befreien. Du bist kurz davor, die Welt Deiner Kunden zu rocken und ein dominanter Player in Deiner Branche zu werden – ein preiswürdiger Monsterkürbis. Dieser Samen für Deinen Erfolg besteht aus Deiner Innovation, harter Arbeit und Genialität – warum solltest Du neustarten wollen?

Ich? Zuerst habe ich eine Computer-Reparaturwerkstatt gegründet. Dann habe ich ein Computer-Forensik-Unternehmen aufgebaut. Dann habe ich ein Unternehmen gegründet für verhaltensorientierte Webseitengestaltung. Obschon es unterschiedliche Anwendungsbereiche sind, bauen all meine Unternehmen intensiv auf Technologien auf. Es geht nicht nur darum, auf Deiner Wissensquelle aufzubauen. Es geht darum, die Gewohnheit des Erfolgs zu kultivieren.

Du liest dieses Buch. Du weißt, was zu tun ist. Und wenn Du es praktisch umsetzt, dann wirst Du die *Erfahrung* haben, mit dem Pumpkin Plan zu arbeiten – Du wirst den Erfolg erfahren. Und wenn Du sicher sein kannst, dass Du in einer Sache Erfolg hast, dann kannst Du in anderen, in ähnlichen Dingen ebenfalls erfolgreich sein.

Leidenschaft bringt Durchhaltevermögen. Das hast Du bereits. Durchhaltevermögen bringt Erfolg. Und Erfolg bringt mehr Erfolg. Wenn Du bereits ein erfolgreiches Unternehmen aufgebaut hast, ist es einfacher, auf diesem Erfolg aufzubauen und ein neues Produkt oder eine neue Dienstleistung zu kreieren oder eine neue Nische, ein neues Unternehmen, und auch damit erfolgreich zu sein. Das akzeptiert man. Das *erwartet* man.

Nichts ist so konstant wie der Wandel. Den Pumpkin Plan zu implementieren, wird nicht nur Dein Unternehmen retten (und Dein Leben), er wird Dir helfen, ein kolossal erfolgreiches Unternehmen aufzubauen. Doch selbst diese ausgezeichneten, gigantischen Kürbisse werden schließlich sterben und vergammeln. Sobald Du diesen Gipfel erklommen hast, kannst Du es nicht zulassen, dass Dein Unternehmen stagniert.

Also lässt Du in der nächsten „Saison“, ob das nächstes Jahr ist oder in zehn Jahren, Deinen Atlantic-Giant-Samen seinen Zauber verbreiten, während Du einen weiteren Riesenkürbis züchtest.

Kapitel 14: Der Pumpkin Plan in Deinem Unternehmen – Deine Geschichte

Das ganze Buch hindurch habe ich elf Geschichten darüber erzählt, wie der Pumpkin Plan in unterschiedlichen Branchen funktioniert. Jetzt ist es an der Zeit, Deine eigene Geschichte zu schreiben. Wie wirst Du den Pumpkin Plan in Deiner Branche umsetzen? Wie wirst Du Deinen eigenen riesigen, *bedeutenden* Kürbis ziehen?

Die Strategien, die funktionierten, als Du Dein Unternehmen gestartet hast, werden Dir keinen Riesenkürbis einbringen. Am Anfang musstest Du auf Dein Bauchgefühl hören, zu jedem Kunden und jeder Gelegenheit Ja sagen, die Arbeit selbst erledigen und improvisieren. Um ein Unternehmen zu mehreren Millionen Umsatz zu verhelfen, das Dir als Vision vor Augen stand, als Du das erste Mal die Unternehmenstür aufgesperrt hast, musst Du jetzt wissen, was nicht läuft, das befeuern, was *läuft,* und Systeme entwickeln, die Prozesse wiederholbar machen. Das ist die Essenz des Pumpkin Plans.

Du hast das Zeug, ein bedeutendes Unternehmen aufzubauen, das viele Kunden anzieht, die Deine Energie, Deine Zeit und großartigen Ideen wert sind. Du hast das Zeug, ein Unternehmen aufzubauen, das in Deiner Branche neue Standards setzt. Du hast das Zeug, der Welt etwas Bedeutsames zu geben – durch Innovation, durch das Schaffen von Arbeitsplätzen, dadurch, dass Du ein Vorbild bist, für das, was möglich wird, wenn Du bereit bist, ein Risiko aufzunehmen und Deine eigenen großen, verrückten (und, ja, erreichbaren) Träume zu verfolgen. Ich glaube an Dich. Wirklich. Ich glaube so sehr an Dich, dass ich dieses Buch geschrieben habe, um Dir zu *beweisen,* dass ich an Dich glaube.

Der erste Schritt ist einfach und absolut machbar: Fülle Deinen Bewertungsbogen aus. Wenn Du ein paar Dinge hin- und herschiebst, könntest Du es sogar heute noch tun. Und eh Du Dich versiehst, hast Du Deine eigene Pumpkin-Plan-Geschichte zu erzählen. Und ich hoffe, Du schickst sie mir, wenn es so weit ist!

Worauf wartest Du?

Auf geht's.

Danksagungen

Jeder Mensch, den ich hier erwähne, verdient größeren Dank als Worte ausdrücken können – eine peinlich lange Umarmung, eine kubanische Zigarre und eine Flasche Champagner sind vermutlich angemessener –, aber für den Augenblick wird es hoffentlich reichen, all diesen wunderbaren Menschen zu danken.

Zuerst und als Erstes möchte ich meiner Schreibpartnerin danken, Anjanette Harper. Ich kann mir kein besseres Team vorstellen, als Dich und mich. Ich kann es kaum erwarten, dass Dein neues Buch herauskommt (ich habe gehört, dass es ein wenig rasant ist und ziemlich großartig). Ich bin der erste in der Schlange, der es kaufen wird.

Eine große Umarmung und ein in der Öffentlichkeit unangemessenes In-den-Hintern-Kneifen für meine Frau Krista. Danke für Deine unerschütterliche Unterstützung, insbesondere als ich Dir erzählte, dass ich diese großartige Idee für ein Business-Buch hatte ... über Kürbisse. Tyler, Adayla und Jake. Ich liebe Euch. Ich hoffe, dieses Buch ist Euch nicht so peinlich wie das davor. Ich kann mir kaum vorstellen, wie man sich über Euch lustig macht, wenn Euer Papa über Klopapier und Kürbisse und andere Merkwürdigkeiten schreibt.

Dank an meine Ma (inoffizielle Vertriebsstelle), meinen Dad (inoffizielle Rechtsberatung) und meine große Schwester Lisa (offiziell mein größter Cheer Leader).

Zarik Boghossian – Dich zu kennen, heißt, Dich zu lieben. Du bist ein großartiger Freund, ein großartiger Mentor und ein Meister des BBQ. Mehr Nazook für mich!!! Ein Riesendank an die Leute, die den Ball für dieses Buch ins Rollen gebracht haben: meiner Agentin, Martha Kaplan als Yin für mein Yang. Und an John Janstch, ein Autor, der Dinge bewegt und ein großzügiger Freund.

Dank an die Leute von Penguin, die immer offen waren für meine verrückten Ideen und sie willkommen hießen. Ganz besonders an meine Lektorin, Brooke Carey. Dieses Buch ist so viel besser, Dank Deiner Kenntnisse ... und vermutlich ein kleines bisschen weniger anstößig. Dank an Denise Blasevick und das ganze Team der S3 Agency, der Marketingmuskel dieses Buches. Und Dank an Kevin Puls, einen Online- und E-Mail-Marketing-Meister.

Jetzt wird's haarig, denn es gibt Tausende weiterer Leute, die mir geholfen haben, dies hier Realität werden zu lassen. Also bitte ich Euch einfach, die grobe Skizze hier zu verzeihen ... ich möchte der KPU-Community (Klopapier-Unternehmer-Gemeinschaft) danken, den Innovatoren und Sammlern, die einfach weiterhin gegen jegliche Wahrscheinlichkeit kämpfen und einflussreiche Unternehmen aufbauen. Und all jenen großartigen Leuten, die meine Message weitergetragen haben und die mich vielleicht nicht einmal persönlich kennen, Ihr seid großartig, und ich kann Euch gar nicht genug danken. Na gut, ich versuch's: Danke! Ich danke Euch aus tiefstem Herzen.

Register